SCIENTIFIC AND TECHNICAL TRANSLATION

For Language Service Providers

科技翻译

语言服务的视角

方媛媛　编著

中国科学技术大学出版社

内 容 简 介

本书分科技翻译概况、科技术语翻译、句到篇章专题、科技翻译中的非译元素、科技论文语言服务、国际科技类学术会议翻译、科技隐喻及其翻译、科技翻译中的非语言因素八个章节由浅入深地介绍了科技翻译所涉及的基本知识和翻译技巧。本书深入阐释了最新翻译技术及其在科技翻译实践中的应用，与时俱进，能切实提升学生运用翻译技能进行国际学术交流的能力。书中融入了科技发展最新内容，体现了时代特色，凸显了理工院校的专业学科特色、师资特长和专业培养目标，能为学校特色学科发展提供语言服务。

图书在版编目(CIP)数据

科技翻译：语言服务的视角/方媛媛编著．—合肥：中国科学技术大学出版社，2022.2

ISBN 978-7-312-04864-7

Ⅰ．科…　Ⅱ．方…　Ⅲ．科学技术—翻译—研究生—教材　Ⅳ．G301

中国版本图书馆 CIP 数据核字(2021)第 254968 号

科技翻译：语言服务的视角

KEJI FANYI：YUYAN FUWU DE SHIJIAO

出版　中国科学技术大学出版社
安徽省合肥市金寨路 96 号，230026
http://press.ustc.edu.cn
http://zgkxjsdxcbs.tmall.com

印刷　安徽省瑞隆印务有限公司

发行　中国科学技术大学出版社

开本　710 mm×1000 mm　1/16

印张　12.5

字数　252 千

版次　2022 年 2 月第 1 版

印次　2022 年 2 月第 1 次印刷

定价　36.00 元

前　言

随着科技实力的提高和国力的增强，我国对外科技互动交往不断增多。《高等学校英语专业英语教学大纲》明确规定：英语专业要“培养具有扎实的英语语言基础和广博的文化知识，并能熟练地运用英语在外事、教育、经贸、文化、科技、军事等部门从事翻译、教学、管理、研究等工作的复合型英语人才”。本书旨在培养具有较高科学素养、能进行科技语言服务、助力国际科技合作的翻译专业人才。除用作高等学校英语专业教材外，本书还可供科技工作者和其他有科技英语交流需求的学习者使用，可结合翻译理论进行科技翻译的专业技能培训，提升学习者的国际科技交流能力。

全书由八章组成：第一章阐释了广义的科技文体特征，新技术背景下科技翻译的步骤与流程、标准与要求，并简述了中国科技翻译史；第二、三章为传统的科技翻译授课内容，即从词汇、句法和篇章层面分析了科技文体的特征和翻译技巧；第四章介绍了凸显科技翻译规范性的非译元素表达方法；第五、六章从语言服务视角，介绍了科技语言服务的重要业务；第七章从认知视角阐释了科技隐喻及其翻译；第八章主要探讨了影响科技翻译的非语言因素。

本书的框架和内容主要基于笔者开设“科技翻译”课程的讲义。在课程设计上，体现了课程依托学校工科为主、多学科协调发展的办学特色，旨在培养素质全面，实践能力强，具有扎实的翻译理论功底和较强的翻译技巧、坚实的英汉双语技能及复合型知识结构，能从事工程技术等领域英汉笔译工作的高层次、应用型翻译人才。课程建设迄今已近十年，为完善本书内容，笔者一方面坚持翻译实践，并从过往的翻译实践中抽取案例、总结经验；另一方面，借鉴了大量科技翻译领域的优秀教材、论文案例和网络资源，这些经典案例为原本枯燥的课程增添了趣味性，使晦涩的科技文本变得生动,在此笔者对这些文献的创作者深表感谢!书中的标注如有遗漏之处,请联系笔者勘误完善。笔者指导的硕士研究生成倩雯、田甜、王玲、吴美参与了本书部分案例的收集和整理工作,在此一并致谢。

由于学识浅陋,笔者对于博大精深的科技语言服务领域也只是略知皮毛,错谬在所难免,恳请读者不吝指正,不胜感激。

方媛媛

2021年4月

目　　录

第一章　科技翻译概况

学习目标

本章将介绍科技文体的特点；通过案例，对科技文体与文学、非文学文体风格的差异加以说明辨析；解释不同文体翻译内容和常用翻译方法与技巧的基本知识点；简介中国科技翻译史，加深读者对科技翻译内涵与外延的理解。

第一节　科技文体的特征

翻译需要建立在准确理解的基础之上。科技翻译作为翻译研究和实践的一个分支，既体现了翻译共性，又展现出其独特性。因此，从事科技翻译，第一步要了解科技文体的语言风格特征和主要应用范围。

秦秀白在《文体学概论》一书中将科技文体定义为正式文体，认为其风格上不以追求语言艺术美为目标，而是讲究逻辑清楚、思维缜密、语法结构严谨；专业术语多，含有大量符号、公式、通用缩略语；具有专业标准性，不可自取他法；缺乏文学作品常使用的生动形象的语言手段，如隐喻、夸张、拟人、反语。这一表述反映了人们对科技文体的传统认知，即一般我们都将科技文体视作正式文体，从而以正式文体的语言特征去分析和解决科技翻译中的各种重点和难点。笔者曾在编写一本研究生英语教材的写作部分时，将科技论文的语言风格总结为“专业内容、规范格式、正式风格”。

科技文献是正式的、非个性化的文本，不属于人与人之间私下交流的范畴，而是客观且科学的内容表达。因此，即使作者不同，就同一研究主题写出的文章并不会有太大的个人风格差异。就具体的语言特点而言，主要包括：① 避免使用第一人称，如“我，我的，我们，我们的，我认为，我们看到”，因为第一人称会让文章读起来偏主观（现在的科技论文中为了表达直接明了，常常使用 we do 句式，语言特点的更新在本书中将有专章介绍）；② 一般也要避免使用第二人称；③ 避免使用缩略形式，如 can’t, don’t, I’ll, sth., esp.（在科技文献中，拉丁语缩略词和专业约定俗成的首字母缩略词因其形式简约、表达力强而被广泛使用，词汇章节将对此展开论述);④ 避免使用俗语、俚语、习语、时髦语等非正式词汇(在科普文献中,适当使用俗语、俚语可以很好地提升科普效果);⑤ 使用正式词语,例如用 perform 替代 do,用 it is possible that 替代 perhaps(实际上,现在的科技文献写作中倡导使用强有力的动词,避免啰唆无力的累赘表达,这些将在"科技论文语言服务"一章中展开阐述)。

 **专题**

What makes an academic writing?

Academic writings are featured by **special** content, **standard** format and **formal** style. In this part, the writing styles of academic writings will be presented.

Formality: A research paper is a formal impersonal writing. It is not intended to be a person-to-person communication. It is intended to be objective, detached and scientific. There is little difference between one person's writing and another person's writing because formal writing sounds very much alike. Here comes the tips for a formal writing.

① Avoid first person pronouns: "I, me, mine, us, our, ours, I think, we saw," all these expressions sound very subjective and should be avoided. Nor should the second person pronouns be used too often.

② Avoid contractions and abbreviations: "can't, don't, I'll, sth., esp.," all these expressions are too informal to be included in a research paper. Use the full form instead.

③ Use numbers than words: if a number can be written in one word, then the word should be used, for instance, one for 1, ten for 10, thirty for 30. If the number is written in more than one word, it is appropriate to use numerals.

④ Avoid slang: jargon, slang, cliché, buzz words and words not defined in dictionaries should not be used. They are too informal.

⑤ Use big words: a higher level of vocabulary should be used, namely big, specific and exact words. For instance, instead of saying "do an experiment," we prefer verbs like "make, conduct, perform, carry out and undertake"; instead of saying "perhaps," we say "may be" or "it is possible that."

以上引用专题代表了大多数人对科技文体语言特征的一般看法，但是通过分析可以发现，随着时代的变化、科技的发展，对科技文体的认识亟须更新。我们需要拓展传统的科技文体观，因为科技文献涵盖的范围实际上非常广泛。美国语言学家 Martin Joos 在他的《五只时钟》（*The Five Clocks*）一书中提出文体正式程度可以分级为：庄重文体（frozen style）；正式文体（formal style）；商议文体（consultative style）；非正式文体（casual style）；亲密文体（intimate style）。按照传统的科技文体观，科技文献主要包括专业性很强的理论性文献，如科技理论专著、教材、专业论文、实验报告、科技报告；科技应用性文献，如技术设备说明书、生产程序和方法说明书、广告材料、图表、技术手册、机器和仪表目录表、技术证明书、专利发明或自然科学奖申请书、技术信函和会议纪要等。这些文献中，如科技论文与专著属于正式文体；而诸如科技应用文、说明书、产品小册子可能是正式文体，也可能是商议文体，这两者都属于所谓的正式文体。

然而，科技文体只能使用正式的文体吗？实际上，科技协议、合同和相关法律文书可能是庄重文体；科学普及性文献，如生动有趣的科学小说，通俗易懂的科普文章、科技新闻，是面向大众的科学素养提升，一般语言通俗，更适合以非正式文体进行写作。我们甚至可以设想这样一个场景：一个妈妈带着 3 岁的孩子在科技馆游玩，妈妈尽量使用孩子可以理解且有趣的方式给孩子讲解某一科学现象，如闪电。这类对话的文体极可能属于亲密文体，但其主题，依然可以涵盖在科技文体中。这无疑拓展了科技翻译所需要考虑的文体风格，将其从正式文体这一单一维度拓展至几乎所有文体。因此，作为科技翻译的译者，我们也要相应拓展我们的科技文体观，并通过翻译实践训练我们应对各种风格科技文献的翻译实践能力。

翻译案例解析

1. 科普文献与科技论文对比案例

原文：① I do not fear an AI, because it will eventually embody some of our values. Building a cognitive system is fundamentally different than building a traditional software-intensive system of the past. We don't program them. We teach them. In order to teach a system how to recognize flowers, I show it thousands of flowers of the kinds. To teach a system how to play a game like Go, I'd have it play thousands of games of Go, but in the process I also teach it how to discern a good game from a bad game. If I want to create an artificially intelligent legal assistant, I will teach it some corpus of law but at the same time I am fusing with it the sense of mercy and justice that is part of that law. In scientific terms, this is what we call ground truth, and here's the important point: in producing these machines, we are therefore teaching them a sense of our values.

② The game of Go has long been viewed as the most challenging of classic games for artificial intelligence owing to its enormous search space and the difficulty of evaluating board positions and moves. Here we introduce a new approach to computer Go that uses 'value networks' to evaluate board positions and 'policy networks' to select moves. These deep neural networks are trained by a novel combination of supervised learning from human expert games, and reinforcement learning from games of self-play. Without any lookahead search, the neural networks play Go at the level of state-of-the-art Monte Carlo tree search programs that simulate thousands of random games of self-play. We also introduce a new search algorithm that combines Monte Carlo simulation with value and policy networks. Using this search algorithm, our program AlphaGo achieved a 99.8% winning rate against other Go programs, and defeated the human European Go champion by 5 games to 0. This is the first time that a computer program has defeated a human professional player in the full-sized game of Go, a feat previously thought to be at least a decade away.

译文：① 我并不惧怕人工智能，因为它最终将体现我们的价值观。构建一套认知系统，与过去构建传统的软件密集型系统是截然不同的。我们不用给它们编程序。我们教导它们。为了教一个系统如何识别花，我给它看成千上万种花。为了教一个系统如何玩围棋这样的游戏，我会让它下数千盘围棋，但在这个过程中，我也教它如何辨别什么是好棋，什么是坏棋。如果我想创造一个人工智能的法律助理，我会教它一些法律知识，但同时也会融入怜悯感和正义感，这也是法律的一部分。用科学术语来说，这就是我们所说的“真实数据”，我想说的要点是：制造这些机器的过程，就是我们向机器传授我们价值观的过程。

② 围棋游戏一直被视为人工智能领域最有挑战性的经典游戏，因为它拥有巨大的搜索空间，很难评估棋盘局面和落子规律。本文介绍了一种计算机围棋游戏新方法：用价值网络方法来评估棋盘局面，并根据“策略网络”选择走棋策略。这些深度神经网络通过对人类围棋高手对弈的监督学习和自对弈模拟强化学习的新型组合进行训练而得到。在没有任何前向搜索的情况下，神经网络方法在游戏中使用最先进的蒙特卡洛树搜索程序模拟成千上万随机自对弈游戏。本文还介绍了一种新搜索算法，结合了蒙特卡洛价值模拟和策略网络。使用这一搜索算法，相比其他围棋游戏程序，我们的阿尔法围棋赢棋概率高达99.8%，以5比0完胜欧洲围棋冠军。这是计算机程序首次在标准规模围棋游戏中打败人类职业选手，取得了预

期至少需要十年才能实现的战绩。

解析：以上两篇都是人工智能主题的科技文献，①属于科普类文献，②来自于科研论文的摘要。作为科技类文献，两篇都逻辑清晰，翻译时较少需要进行句式的重组。两者最大的差异来自于词汇层面，第一篇基本没有出现专业词汇，而第二篇的翻译难点和重点基本在于专业词汇，需要基本专业知识来辅助翻译。在句法层面，第一篇句长偏短，第二篇则因为丰富的信息量的表达，使用更长更复杂的句式。这两个特点都在译文中有所体现。

2. 科技文体与口语风格对比案例

① A young lady back home from school was explaining. "Take an egg," she said, "and make a perforation in the base and a corresponding one in the apex, then apply the lips to the aperture, and by forcibly inhaling the breath, the shell is entirely discharged of its contents."

② An old lady who was listening exclaimed: "It beats all how folks do things nowadays. When I was a gal, they made a hole in each end and sucked."

译文：① 一位刚从学校回家的女学生正在解释："取一枚鸡蛋，"她说，"在蛋的底部打一小孔，再在顶端打一对应小孔。然后，将嘴唇置于该孔之上并用力吸气，壳内之物则尽释无遗。"

② 一位听她讲话的老太太嚷嚷了起来："如今的人做事儿真叫人摸不着头脑。我当姑娘那阵儿，人们把蛋一头磕一个洞，嘶溜儿一嘬就吃了。"

解析：这是一个非常经典的文体对比案例。一般对文体的分析，我们会从篇章层面（textual level）、句法层面（syntactic level）和词汇层面（lexical level）进行辨析。本对比案例主要涉及两个层面：句式和词汇选择。从词汇来看，第一段使用了所谓的专业术语、正式的"大"词，第二段则主要使用了口语词汇，如俚语、俗语"it beats all，gal"的使用。从句式来看，第一段句子明显较长，信息量大，并以系列祈使句列举了系列动作，宛如实验过程的描述，是很刻意的正式文体，而第二段则明显是符合口语特征的表达。

翻译练习

请辨析以下段落的文体并翻译。

① History has never copied earlier history and if it ever had done so that would not matter in history; in a certain sense history would come to a halt with that act. The only act that qualifies as historical is that which in some way introduces something additional, a new element, in the world, from which a new story can be generated and the thread taken up anew.

参考译文:历史从来未曾重复。复制的历史不会载入史册;在某种意义上,复制历史就是历史的停顿。具有历史意义的唯一之举就是添加新元素,从而创造新历史,重新续起历史之链。

② It is interesting to contemplate a tangled bank, clothed with many plants of many kinds, with birds singing on the bushes, with various insects flitting about, and with worms crawling through the damp earth, and to reflect that these elaborately constructed forms, so different from each other, and dependent upon each other in so complex a manner, have all been produced by laws acting around us.

参考译文:凝视这纷繁的河岸,形形色色的草木茂密丛生,群鸟在灌木林中嬉戏啼鸣,昆虫上下飞舞、虫儿在泥土上爬行;静思这种种构造精巧的生命类型,彼此之间如此不同,而又以复杂的方式互相联系,且皆由周遭的规律所产生。真是有趣极了!

第二节 新时期科技翻译的步骤与流程

在传统的翻译教材中,翻译步骤一般被概括为:紧缩主干,辨析词义,分析句型,理清脉络,调整搭配,润饰词语。这种"六步"翻译过程可以喻为绘制一棵大树的过程,需要厘清树干和枝枝丫丫,再以另外一种语言重构树干,再配以枝枝丫丫,试图在新的语境中重现树木的面貌,或者说在新语境中试图达到激发同样感官的效果。这里所说的枝丫,包括时态、语态、语气、词义判断、逻辑和重心等。

翻译文献中也有学者关注科技翻译领域,总结了一些科技翻译的小技巧,例如:① 因为科技术语具有严密性、简明性、单义性、系统性、名词性、灵活性等特征,所以翻译过程中需要小心选择词义,用词得体;② 清晰表达原文,需要根据英汉表达方式的差异使用不同的翻译方法,如采用加词法、减词法(包括对汉语习惯范畴词"现象、方法、情况、过程"等的删减)来解决词汇问题,或非谓语结构、名词化结构来体现英语句式特征;③ 在翻译有丰富信息量的英文科技文体中的长难句时,要对长句进行细致分析,使用拆句法、合句法等进行信息重组;④ 多使用被动语态以表达客观性,被动语态因不用出现施事者,所以可避免第一人称的过多使用,使句子看起来更具客观性;⑤ 勤请教专业知识,科技翻译工作者最终会将自己的研究领域尽量缩窄到小范围内,因为专业知识的积累是科技翻译理解正确、表达准确的关键。

事实上,以上这些传统科技翻译领域的步骤和翻译技巧总结,虽然为科技翻译的学习者和初级实践者提供了非常实用的指导，但是依循传统的翻译研究视角的建议，显然不能体现新时代、新技术对科技翻译的影响。实际上，科技翻译很大程度上已经进入语言服务行业，有其系统化的规范和标准，讲究效率，商业化程度凸显。不了解这些新发展和新趋势，就会出现“说外行话、做外行事”的不专业翻译行为。因此，作为新时代翻译工作者，我们需要先熟悉一下语言服务行业。

提到译者，我们脑海里首先想到的是严复、许渊冲这些翻译大家；谈到翻译素材，首先想到的也是四大名著之类的文学巨作。

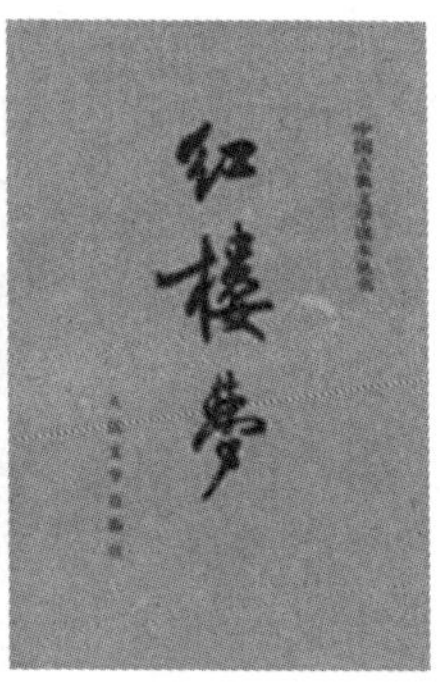

图 1.1　传统翻译观中的译者和翻译素材

但实际上，随着科学技术的迅猛发展，当今社会的关键词也在逐步演变，服务、信息化、大数据（big data）、人工智能（artificial intelligence）也进入了翻译领域。从全球化（globalization）到本地化（localization），再发展到球土化（glocalization），翻译的主题和内容都随之发生了翻天覆地的变化，翻译技术（transnology）也日新月异。翻译已不再同早期一样以宗教翻译或文学翻译为主，而发展为语言服务业，为全球经济发展、科技交流服务。

中国翻译协会发布的中国语言服务行业规范之一《本地化业务基本术语》将语言服务业定义为：以语言知识与行业知识为核心的专业服务。语言服务是翻译服务的扩展，是语言和信息需求多样化推动的结果，反映了翻译业务领域的扩展和服务层次的提高。文字信息内容翻译与本地化就是语言服务业的业务内容之一。从生产流程上分析：① 产品本地化流程包括了工程、翻译、排版、测试、项目管理等，而翻译是产品本地化的过程之一；② 从学科分类分析，翻译可以细分为文学翻译，软件、应用翻译（本地化翻译、其他翻译）等，科技翻译是应用翻译学的一种形式；③ 语言服务业主要由翻译公司、本地化公司、翻译软件开发公司、翻译研究和咨询机构构成，也包括国家外事外宣、对外传播部门和翻译出版、公共服务行业等，以及政府相关决策和管理部门、高校人才培养部门、考试中心、培训机构。所有这些机构都是翻译人才的可能就业市场。翻译的标准不再局限于语言研究的层面，如

“信、达、雅”,而被赋予了行业的特征,讲究质量、标准规范和工作效率。对译者的要求也从语言能力拓展为涵盖交流沟通能力、团队协作能力、学习能力、翻译技术应用能力、管理能力等的综合能力。

语言服务帮助中国在实现“一带一路”的愿景中发挥其倡议性文化服务的作用,在促进中外文化交流方面,语言服务推动实现“讲好中国故事,促进文明交流”的目的。国内语言服务行业涉及的翻译服务领域多样化。其中,信息技术、教育培训、政府外宣成为语言服务提供方重要的业务领域。传统的翻译随着时代和技术发展已经拓展为语言服务行业中的一环,我们需要与时俱进;科技翻译所涵盖的内容如信息技术,是目前语言服务行业的主流业务内容;英语依然是目前语言服务行业中的主要需求语种。这些既凸显了这门课程的重要性,也提醒我们要对传统的科技翻译观进行更新和拓展。

在了解了语言服务行业的相关知识后,我们可以重新检视科技翻译的流程和步骤。从行业视角来看,科技翻译的主要流程从紧缩主干、辨析词义、分析句型、理清脉络、调整搭配、润饰词语、终端检查这一语言的视角,拓展为包括格式转换、术语抽取与翻译、预处理、伪翻译、翻译、编辑、校对、后处理、效果反馈等流程。这一视角主要聚焦的是流程和技术层面。在这些流程术语中,我们需要区分研究视角和行业视角的不同含义,如在文学翻译研究界一般认为由图里提出的伪翻译,指在目标语中伪装成翻译文本,实际却是创造文本,并不存在源文本的现象。而在翻译行业流程中,伪翻译是指正式开始翻译之前模拟已翻译文档外观的过程,其主要功能是对翻译产品的外观质量进行控制,如不同语言的文本长度不同会造成译文格式的变形,如德语字符串约比英文字符串长30%,通过伪翻译可以模拟最终产品的版式,从而额外调整大小并测试翻译后的用户界面。

第三节　科技翻译的标准和要求

前一节在介绍语言服务业的特征时提到,新时期翻译的标准不再局限于语言研究的层面,如“信、达、雅”,而被赋予了行业的特征,讲究质量、标准规范和工作效率。对译者的要求也从语言能力拓展为涵盖交流沟通能力、团队协作能力、学习能力、翻译技术应用能力、管理能力等的综合能力。科技翻译对译者又有哪些独特要求呢?不同领域的翻译对译者的要求标准是有共性的,如:① 需要深厚的双语基本功,能准确理解原文含义、作者意图;② 具有分析理解能力,能根据交际情景选择合适的翻译方法;③ 具有较强的语言表达能力,特别是双语写作能力。

对科技翻译这一特殊文体翻译来说,除了对译者的常规要求之外,还有着特别的能力偏重。下面以翻译案例来进行说明。

翻译案例解析

案例 1

将您自己与您家中的其他人隔离。

解析:关于“隔离”一词的翻译,在疫情期间关注相关医学新闻的同学提出使用“quarantine”,这是规范且专业的译法。但是考虑在真实情景中,大多数人并不是接受严格的医学隔离,而是在家中自行限制出行和接触他人,所以使用“confinement”也是可行的。当然,媒体上也有使用其他单词的情况,如“lockdown”(该词还成为 2020 年的热词)。该公示语的官方翻译是这样的:“Separate yourself from other people in your home.”

本翻译案例的词汇选择给我们的启示是:科技翻译的文体是多样的,要做到术语翻译的准确,除了对意思的准确性有要求,如案例 1 中我们有多个正确的可选术语,还要考虑原文风格的恰当性要求,即对标原文的风格特征,如以科普为目的的文章翻译,并不需要选择最专业、正式的专业术语。举例来说,若一位诺贝尔奖获得者去参加颁奖典礼,他可能会使用“spouse”这种正式用词来介绍他的妻子;而在典礼结束的晚宴上,用“wife”一词就足够正式了;当他在晚上与几个好友一起去酒吧庆祝获奖时,他的妻子则被称呼为“my old lady”。这个例子同样说明了语境、风格对选词的限制。

案例 2

请转发给你的朋友和家人。

解析:这句话可以直接译为“Please share.”学生们普遍认为这样的翻译不够忠实(faithful)原意。当然,我们可以将之忠实地翻译为:“Please send the message to your friends and family members.”然而,两者相比之下,以英语为母语的翻译者更倾向于第一种译法,因为这是符合他们语言习惯的表达方式。这里就涉及了科技翻译的另外一条标准:地道(idiomatic),符合语言习惯。在翻译过程中,很多译者都会遇到这样尴尬的境地:语法表达正确,却被母语译审者指出:“我知道你的意思,但是我们不这么说。”

案例 3

预防 2019 新型冠状病毒传播给家庭和社区中的其他人。

解析:原文译为“Prevent 2019 Novel Coronavirus (2019-nCoV) from spreading to others in homes and communities.”学生在翻译时将注意力放在了表示新型的“novel”这个词上,因为在科技英语中,新算法、新思路习惯使用“novel”

一词表达新意,却没有人认识到这个术语翻译中的规范性问题。科技翻译与文学翻译的区别之一在于,专业术语的翻译选词在于调查研究的能力,而不是依赖于推敲,术语翻译有着“不可自取他法”的约定俗成的专业标准。事实上,“新型冠状病毒”一词最早的译法是“2019 Novel Coronavirus (2019-nCoV)”,但随着 2020 年 2 月世界卫生组织(WHO)将其名称确认为“COVID-19”,它便成为最新且权威的国际标准。正因为此,2020 年 2 月 21 日中国国家卫生健康委发布了关于修订新型冠状病毒肺炎英文命名事宜的通知,具体如下:

(国卫医函〔2020〕70 号)

各省、自治区、直辖市人民政府,新疆生产建设兵团,国务院应对新型冠状病毒肺炎疫情联防联控机制成员:

现决定将“新型冠状病毒肺炎”英文名称修订为“COVID-19”,与世界卫生组织命名保持一致,中文名称保持不变。

上述案例解析,揭示了科技翻译的三大标准:① 规范专业,不可自取他法(standard and professional);② 意思和风格的准确忠实性(faithful and accurate in meaning and style);③ 通顺地道(smooth and idiomatic)。科技翻译要了解行业的规范和标准,追求一致性而不是追求个性与美,这是与文学翻译明显不同的地方。

案例 4

The game of Go has long been viewed as the most challenging of classic games for artificial intelligence owing to its enormous search space and the difficulty of evaluating board positions and moves. Here we introduce a new approach to computer Go that uses “value networks” to evaluate board positions and “policy networks” to select moves. These deep neural networks are trained by a novel combination of supervised learning from human expert games, and reinforcement learning from games of self-play. Without any lookahead search, the neural networks play Go at the level of state-of-the-art Monte Carlo tree search programs that simulate thousands of random games of self-play. We also introduce a new search algorithm that combines Monte Carlo simulation with value and policy networks. Using this search algorithm, our program AlphaGo achieved a 99.8% winning rate against other Go programs, and defeated the human European Go champion by 5 games to 0. This is the first time that a computer program has defeated a human professional player in the full-sized game of Go, a feat previously thought to be at least a decade away.

解析:这一段为人工智能领域的论文摘要翻译,难点在于人工智能和围棋两个领域的专业术语的翻译是否准确、专业,如"supervised learning"应译为"监督学习";"neural network"译为"神经网络";"board positions and moves"译为"棋局和落子";"self-play"译为"自对弈"。这里并不能像文学翻译那样,依据个人理解通过推敲得到译文,而要依赖于对专业术语的调查研究。从句法层面来看,虽没有太复杂的句式,但也需要依赖对专业知识的了解,如"without any lookahead search, the neural networks play Go at the level of state-of-the-art Monte Carlo tree search programs that simulate thousands of random games of self-play",部分学生将之翻译为"在没有任何前向搜索的情况下,深度神经网络通过模拟成千上万的随机的自我博弈,达到了/比肩国家最先进的蒙特卡洛树搜索程序的水准"。这样的理解,显然受到了"at the level of"词组的干扰,实际上,AlphaGo 不是达到了这个水平,而是使用了这一程序,因此应该译为"没有任何前向搜索,神经网络方法在游戏中使用了最先进的蒙特卡洛树搜索程序模拟成千上万随机自对弈游戏",由此达到译文的准确和地道。科技翻译的原文一般都有着缜密的结构、科学的论证,准确地理解原文需要译者具备理性思维和批判性思维的能力,有对原文涉及专业的知识和研究方法进行学习和调查研究的能力,以及对原文能进行合理质疑的能力。

从以上案例的练习和解析中,我们可以一窥科技翻译与文学翻译在标准上的差异,也似乎可以得出结论:对专门从事科技翻译的译者,可能文学的灵感和感悟力要求没有对文学翻译者那么高。实际上,由于科技翻译范围广,对科技译者提出了更高的要求,既要懂科技,又要懂语言,还要具备一定的文学素养。例如,笔者曾在一场主题为"城市规划"的活动现场进行口译的过程中,遇到这样的翻译场景:演讲者为了说明徽州建筑的风貌,突然现场吟诵了一首诗。因为科技译者通常接受的是"难度较低"的科技翻译任务,若现场提出抗议,那无疑将造成现场混乱;但如果纠结于诗歌本身,则很难快速表达出原诗的风韵。笔者的处理方法就是介绍演讲者吟诵了一首诗,其主要内容是什么,说明了徽州建筑风貌的特征是什么。这可能不是完美、忠实的翻译,但是在科技翻译领域,这种处理方法基本满足了其信息交流功能。这一点,又揭示出科技译者需要具备的临场随机应变、处理非语言因素的能力。

此外,随着翻译技术的日新月异,科技译者需要提高针对不同格式原文的最合适的翻译技术学习和应用能力;翻译作为语言服务行业中的一环,一般以项目的形式开展业务,需要团队协作和交流沟通的能力,同时也需要译者拓展出项目管理能力,这也是翻译硕士培养业务能力之外的一个附加培养目标。

第四节　中国科技翻译简史

广义的科技翻译最早可追溯至汉朝僧人的天文历算翻译,彼时的翻译实践主要是佛经翻译,实际上涵盖了医学、天文、地理、矿物学等自然科学成分。从事翻译的人员多为翻译佛经的僧人,如西方的传教士、来中国取经求法的僧侣等。这一类科技翻译实践在盛唐时期达到鼎盛阶段,译者也逐渐在翻译实践中凝练出翻译理论,如三国时期僧人支谦的“因循本旨,不加文饰”;前秦道安的“五失本,三不易”;东晋时期后秦高僧鸠摩罗什的译作“有天然西域之语趣”;隋代高僧译者彦琮对翻译的“十条八备”要求;唐僧玄奘的“五不翻”等。

明朝末期,在统治者和有识之士的共同影响下,科技翻译作为佛经翻译的副产品走上翻译的舞台,而真正意义上的科技翻译主要源自明末清初时期。这个时期,中国开始关注并接受西方的理性主义与科技发展。一方面,西方传教士如庞迪我、艾儒略、利玛窦、汤若望、南怀仁,试图采用“学术传教”的方法,介绍西方科技知识,其中涵盖了天文地理、数学物理、机械工程、医学生物等多学科领域;另一方面,这一时期一部分中国士大夫也利用为朝廷修历法的机会投入了科学界,与传教士合作,因此涌现了一些知名科技译者,如徐光启、李之藻、杨廷筠、冯应京、李天经。随着实践的深入,他们也开始对科技翻译规律进行探索:如徐光启的“会通超胜”(不生搬硬套,通过会通以求超胜);李之藻对专业知识调查研究的重视以求忠实(不敢妄增见闻,致失本真)。可惜的是,利用这一科技翻译历史高光时刻与世界沟通、谋求科技发展的好时机,却因为历史的原因而遭遇瓶颈。

康熙年间,由于受康熙皇帝本人的心态影响,清政府对西学表现出开明的包容态度。康熙皇帝就曾经通过西方传教士科学家南怀仁公布欢迎擅长天文学、光学、静力学、动力学等物质科学人士,并容许传教士担任西方自然科学的引荐者。可惜,在罗马教廷开始干涉中国诸如“祭祖”“祭孔”的传统礼仪后,为了维护赖以治国的“尊儒”传统,清政府开始驱逐在华传教士,闭关锁国拉开了历史序幕。这个时期盲目排外的守旧派和西学中源理论持有者都限制了华夏民族向其他民族学习的机会,认为需要通过维持中华千年传统,牢记礼义廉耻才能得人心、鼓民气,才能抵御外敌,正如乾隆皇帝宣给英国国王的敕谕所彰显的那样:“天朝抚有四海,惟励精图治,办理政务,奇珍异宝,并不贵重。尔国王此次赍进各物,念其诚心远献,特谕该管衙门收纳。其实天朝德威远被,万国来王,种种贵重之物,梯航毕集,无所不有。”直到鸦片战争失败后,道光皇帝才开始去打听英国何在。而同时,皇室之中俨然闲置着一百多年前传教士送给康熙皇帝的《坤舆全图》,在那张地图上,英国的位置、接壤国、相距距离，以及前往中国的航线早已被清楚地标了出来。

中国科技翻译的另一标志性历史时刻处于轰轰烈烈的洋务运动时期，即19世纪60—90年代，晚清洋务派倡导“西学中用”，通过翻译引进西方军事装备、机器生产和科学技术以挽救清朝统治的运动。这个时期出现了专门从事翻译工作的机构，如京师同文馆（1901年并入京师大学堂，更名为译学馆）；江南制造局的译书馆则主要从事兵政与技术的翻译，也译印了一些自然科学书籍。这些机构聘请了一批实际上从事科技书籍的翻译工作的科学家，如徐寿、华蘅芳、李善兰，也聘请了在华的外籍人士如傅兰雅参与翻译事业。这个时期严复所提出的“信、达、雅”翻译标准，对后世产生了深远影响。

为了实现“睁眼看世界”，同明朝末期一样，政治家的名字也出现在科技翻译领域，如民族英雄林则徐主持编译《四洲志》；参加过抵抗英国侵略战争的魏源编撰的《海国图志》，倡导“师夷长技以制夷”；晚晴名臣徐继畬编撰了第一本全面介绍世界各地的风土人情、政治体系的书籍《瀛寰志略》。

民国时期大批留学欧美的学者回国，带回了各学科的最新著作和高教教材，因而科技翻译不再是清末时期引进科普级别的文献模式。这个时期，西方科技的传入为中国科技发展和与国际真正接轨做出了贡献，科技翻译事业取得了较大进步，如进一步认识到官方授权的科学名词审查组织的重要性，也促成了科技术语体系的建立，这是科技翻译领域的里程碑式事件。另一个中国科学发展史和科技翻译史上的里程碑式事件是《科学》杂志的出版，它通过多种手段译介西方先进科学知识。与清朝末期不同的是，这个时期的译者多为学有所成的留学生，也有知名科学家，他们兼具专业知识和语言知识，做到了通过“达旨”达到科学传播的目的，对科技翻译的理论和方法也有深入的研究，例如将科技术语翻译方法归纳为音译、意译和造词3种，这实际上已经是比较成熟的翻译方法总结了。这一时期，建立了专门的科技翻译机构，如教育部下属的国立编译馆；同时期的科学社团也对科技翻译的发展做出了贡献，如中华医学会出版了中英文版《中华医学杂志》，中国科学社组织翻译了许多书籍和论文；民间出版机构如商务印书馆、中华书局、世界书局也组织了科学文献的翻译工作。彼时，商务印书馆成立编译所，组织留学生或科学家，如竺可桢、郑太朴、严济慈、郭沫若等，进行科学书籍的编译。

中华人民共和国成立后，科技翻译事业经历了大建设时期众多工程资料的译入，也经历了磨难和停滞时期以及后来的复兴和繁荣。如今科技翻译事业欣欣向荣，已成为科技发展不可或缺的支柱之一。

第二章 科技术语翻译

学习目标

本章将介绍科技词汇特点与主要翻译方法，并通过案例分析来阐释术语翻译的相关规范、常见翻译技术工具和词汇翻译的主要调查研究方法。

第一节 科技术语的来源和分类

从翻译研究界的视角，会提到一系列的科技术语特征，如严密性、简明性、单义性、系统性、名词性、灵活性，揭示了科技文体的“排他性”“正式性”等词汇特征。在科技翻译实践和教学领域的一些常见表述中也有类似的观点，例如“约定俗成”“不可自取他法”。

对于翻译学习者来说，首先要了解的科技词汇的最重要特征是词汇正式性。从词汇的使用视角来看，词汇正式程度的一个很重要的判断依据是权威辞典的标注。例如，《牛津英汉双解大词典》中标注的“formal（fml）”或“informal（infml）”；《朗文当代英语词典》中标注的“formal”或“informal”；《韦氏高阶英汉双解词典》同样对词进行了“formal”或“informal”的标注。

翻译练习

请比较表 2.1 中左右 2 栏近义词的正式程度。

表 2.1 词汇的正式程度比较

eye	ocular
mouth	oral
nose	nasal
son	filial
house	domestic
town	urban

续表

moon	lunar
the Middle Ages	medieval
star	stellar
friendly	amicable
gathering	assembly
belly	abdomen
deep	profound
sneaky	surreptitious
swine flu	porcine influenza
bird flu	avian flu

解析：在以英语为母语者看来，左栏用词的直观感受是 vivid，visual，physical，而右栏是 lofty，abstract，profound，intellectual。通俗一点来说，就是左栏用词更加生活化、偏休闲，而右栏用词更正式、专业。是什么造成了这种词语风格上的感觉差异呢？

这种文体感觉的依据，来源于词源学。英语的 2 大主要词源为：① 日耳曼语(Germanic)，主要包括 old English，old Norse，old Dutch；② 拉丁语(Latinate)，主要包括 old French，Norman English，Anglo-Norman。因此，英语词汇可以分为日耳曼语词源词汇和诺曼(拉丁语词源)词汇。

英语中来源于拉丁(希腊)系的词汇更加正规，即诺曼词汇，更常见于正式文体中，这是由历史决定的：1066 年以前，英国是安格鲁-撒克逊人的领地，他们使用古英语，与拉丁语和法语都没有关系。1066 年，诺曼底征服者来了，他们带来了诺曼词汇，但也允许土著人使用自己的语言，即古英语，因此 2 种语言共存了几十年，也互相影响形成了混种语言，比如 pork/porc，mutton/mouton 这些词是由统治阶级(即诺曼底人)使用的被认为更加正式，被征服者阶层则继续使用英文版本的 swine，goat，从而形成了正式程度两异但共存的 2 套词汇。

科技专业词汇中汇聚了大量源于拉丁语、希腊语、法语的词、词根、词缀。如 science 和 technology 2 个词，分别来自于拉丁语和希腊语。常用的科技词汇，如 biotic(生物的)始于希腊语，electric(电的)来源于拉丁语，这些都是正式的科技词汇。

专题

正式还是非正式：英语中的缩略语

第一章中曾提到一般正式风格的科技文献较少使用缩略词。实际上，汉语中的“缩略词”，可以对应3个英文单词：contraction，abbreviation 和 acronym。① Contraction，如 have，has，had，is，am，are，will，would 和 not 的缩写，用撇号替代被省略的字母，如 I'll，can't，he'd，it's，would've。也有一些非常口语化的缩略词，如 ain't（am not），seein'（seeing），'em（them），甚至连撇号也被省略，直接合并单词，如 gonna（going to），kinda（kind of），whatcha（what are you，what do you，what have you）；② Abbreviation，如拉丁缩略语 e.g. 表示举例，i.e. 表示即，etc. 表示等等，ibid. 表示出处同上；③ Acronym，指 WTO，RADAR，COVID-19 这样的首字母缩略词。

一般来说，我们认为正式文体应尽量避免使用上述①的语言现象，比如 I'll 尽量写作 I shall，can't 写作 cannot。但也有例外，例如 let's 即使在书面语中也是适用的。上述②的缩略现象常见的是拉丁缩略，因其简洁明了，被大量应用于科技文体。上述③的首字母缩略现象同样因为其简明性而大量存在于科技文献中，其处理方式一般是：当不常见的首字母缩略首次出现时，使用全称，括号加注缩略，再次出现时则可直接使用缩略词；约定俗成的专业缩略词可以直接使用，甚至可用于标题，如 RADAR（Radio Detection and Ranging，雷达）；SVM（Support Vector Machine，支持向量机）；ISBN（International Standard Book Number，国际标准书号）；COVID-19（Coronavirus Disease 2019，新型冠状病毒肺炎）；ASCII（American Standard Code for Information Interchange，美国信息交换标准代码）。

从来源分类，英语科技词汇一般包括：

一、纯科技词汇（New Coinage）

新技术、新学科理论、新事物出现时，人类新造新词进行表达时就产生了纯科技词汇，如 steroid（类固醇），pneumonia（肺炎）。

二、专业化的普通词汇（Professionalization of General Terms）

人类的理解过程伴随着将新事物融入旧体系，以期在现有的知识体系中理解新事物。因此,当新技术、新学科理论、新事物出现时,人们倾向于将之与旧观念进行类比和解释,从而出现了普通词汇的专业化。如 wave“水波”引申为“光波和声波”;impulse“脉搏”专业化写作“脉冲”;motivation“动机”引申为(词的)“理据”;random“随便的”引申为“随机的”;field 从“田地”引申为 the gradient vector field 中的梯度向量“场”;stain“污点、瑕疵”专业化写作“着色剂、染色剂”。新技术的发展、社会生活新动向也催生了一批新词,其中不乏旧词添新意,即产生了专业化的普通词汇,如表 2.2 所示。

表 2.2　普通词汇专业化

中文	英文
大数据	big data
数据科学家	data scientist
验证码	identifying code
百万万亿(10^{18})	quintillion
区块链	blockchain
网格化管理	digital management for a matrix of urban communities
休舱	to close temporary treatment centers
全球流行病	pandemic
动物源性病毒	zoonotic virus
入户检测	door-to-door testing
无症状感染者	asymptomatic carriers of COVID-19
公筷公勺	serving chopsticks and spoons
云选会	cloud jobfair
第一入境点	first point of entry
应收尽收(针对疑似及确认病患)	all suspected and confirmed patients should be admitted to the hospital
个人行程证明	travel records
送货机器人	delivery robot
绿码	green (health) code

三、同一词汇的多专业化(Extension to Multiple Disciplines)

即同一词汇在不同专业中被赋予不同的含义,如 matrix 在生物学中指子宫、母体、基质、牙床;在地质学中指斑晶、脉石;在数学中指矩阵、真值表;在印刷业中指字模、纸型;在医学中指型片、基片;在摄影学中指浮雕片;在电信中指矩阵变换电路;在语言学中指主句、独立句。power 则可以指数学中的幂或是物理学中的功率。complex 可作形容词,表示复杂的,也可作名词,指心理学中的"情结"(fixed mental tendency, obsession),如恋母情结 Oedipus Complex。

四、专有名词术语(Proper Nouns)

包括以人名、地名等专有名词命名的算法名、物质材料名称等。如 Monte Carlo Simulation 译为蒙特卡洛(也译作蒙特卡罗)模拟方法,统计模拟方法,是系数学家冯·诺伊曼用驰名世界的赌城,摩纳哥的 Monte Carlo 命名的。Lagrange Multiplier Method 译为拉格朗日乘数法,以数学家约瑟夫·路易斯·拉格朗日命名。

第二节　科技词汇常见构词法

虽然在现代科技背景下,科技词汇的翻译并不过度依赖个人的专业词汇量,可以利用翻译技术,例如翻译软件的术语库功能自动提取和翻译,学习科技词汇的相关语言知识,例如构词法,可以辅助科技术语翻译的理解过程、显著提升翻译速度。

翻译练习

尝试翻译以下单词,并分析其构词法和词的理据。

technocracy	chronological
speedometer	pseudonym
electrocardiogram	malnutrition
inscription	quadrilateral
circumnavigate	foresight
assimilation	underprivileged

misanthropic	monologue
understatement	congregation
illiterate	interlinear
progenitor	bicentennial
congenital	autograph
anachronism	unquenchable
outlandish	infallible
aegis	yahoo
odyssey	martial

答案与解析

technocracy　专家治国制度 techno-　技术 -cracy　和政治、政体有关	chronological　按时间顺序的 chrono-　跟时间有关的
speedometer　汽车速度计 speed　速度 meter　仪表	pseudonym　假名、笔名 pseud-　假的 -onym　字
electrocardiogram　心电图 electro-　电的(如 electricity 电源) cardio　心脏 gram-　字母书写	malnutrition　营养不良 mal-　贬义前缀,恶(如 maltreat 虐待) nutrition　营养
inscription　雕刻 in-　向内(如 inward 向内的) script　手稿、手迹 -tion　名词后缀	quadrilateral　四边形 quadri-　四(如 quarter 四分之一) lateral 边
circumnavigate　环航 circum-　周围(如 circumstance 周围环境) navigate　航海、航行	foresight　远见、前瞻 fore　前部、头 sight　视力、风景、眼界

assimilation　同化 simil-　相似(如 similar 相似的)	underprivileged 贫穷的 under　在……下 privilege　特权、优待
misanthropic　厌恶人类的,反人类 mis-　否定前缀(如 misunderstanding 误解) anthropic　人类的	monologue　独白 mono-　单一,独(如 monotonous 单调的) logue　话
understatement　保守低调的说法 under-　在……下面 statement　陈述、申明	congregation　聚集、聚会 con-　在一起(如 conference 会议) greg-　聚集(如 gregarious 群居的)
illiterate　文盲 il-　否定前缀(如 illegal 非法的) literacy　素养	interlinear　写在行间的 inter-　在……内 line　行、线
progenitor　祖先 pro　向前 genit-　生产、发生	bicentennial　两百周年 bi-　两(如 bicycle 自行车) centennial　一百年
congenital　先天的(出生时就在一起的) con-　在一起 benit-　生产、发生	autograph　亲笔签名 auto-　自己、自动(如 automation 自动化) graph-　图、表
anachronism　犯时代错误 ana-　错误、在旁边 chroni-　时间有关的(如 chronic 慢性的)	unquenchable　难抑制的 un-　否定前缀 quench　熄灭、止渴 -able　能……的,形容词后缀
outlandish　稀奇古怪的 out-　外部的 land　土地、领土 -ish　形容词后缀	infallible　绝对可靠的 in-　否定前缀 fall　跌倒、失败 -ible　可以……的
aegis-　空中预警,地面综合系统 (来自于古希腊神话中宙斯的神盾)	Yahoo　雅虎公司 (来自英国作家 Jonathan Swift 的小说《格列佛游记》,指粗鄙、无文化者,这里意指自谦)

odyssey 艰苦跋涉,如科学探索、太空探险 (来自于古希腊罗马神话中人物 Odyssey 带领着他的船队一路历经艰难险阻,最终回到家乡的故事)	martial 好战的 (来自古希腊罗马神话中的战神 Mars)

解析:该组练习解释了词汇的常见构词法和理据(motivation)。词的意义可以来自于它的组成词根、词缀含义,也可能源于其词源含义。了解构词规律和理据,可以大大加快科技文献的阅读理解能力、提升学生的翻译速度。

一、派生法(Derivation)

派生法又叫词缀法(affixation),词根可以通过前缀或后缀得到派生词,拓展词义。科技词汇中存在大量的派生词。常见的例如 micro-表示微型的概念,如 microcomputer 微型计算机,microbiology 微生物学;-ics 表示学科,如 linguistics 语言学,physics 物理学科,electronics 电子学科;hyper 表示过多、超的概念,如 hyperacid 胃酸过多的,hypercharge 超荷,hyperfocal distance 超焦距,hyperinsulinemia 高胰岛素血症;-osis 表示疾病,如 psychosis 精神病,silicosis 矽肺病。数字前缀例如 semi-表示半;mono-,soli-,uni-表示单一;bi-表示双;tri-表示三;quat-表示四;penta-表示五;ses-表示六;oct-表示八;kilo-表示千;multi-表示多等。

派生词具有丰富的表达力,能够从词的层面实现多重信息表达,因此在科技术语中,会出现异常长度的词汇,如表 2.3 所示。

表 2.3 派生词

barothermograph	气压温度记录仪
解析:baro 气压,thermo 温度,graph 记录	
deoxyribonucleicacid	脱氧核糖核酸(DNA)
解析:de-脱,oxy-氧,rib-核糖,nucleic 核	
photomorphogenesis	光形态发生现象
解析:photo 光,morph 形态,genesis 发生	
pneumonoultramicroscopicsilicovolcanokoniosis	火山超微尘矽肺
解析:pneumono 肺,ultra 超,micro 微,scopic 观,silico 矽,volcano 火山,kon 尘埃,-iosis 病	

二、转类法(Conversion)

词性直接变化,也可归为派生法的特殊形式,称为零位派生(zero derivation)。例如收音机 radio 作动词时,表示用无线电通信;商标名 Xerox 转类为动词,表示用静电复印法复印;X-ray 表示用 X 光检查。例如:

① The newspaper headlined the new discovery. 该句中的动词是头条新闻 headline 的动词转类;

② The research bridged the gap in the field. 该句中的 bridge 是由名词转为动词。

一般来说,名词转动词常常会伴随着语义的降格,例如:

Don't brother me!

译文:不要与我称兄道弟!

其中的 brother 作为名词是中性词,转类后语义降格为贬义,而在科技文献中,转类并不会导致语义降格现象。

转类法在科技英语中最经典的应用是名词定语,或称为名词连用,即名词中心词前面出现不变形名词作定语。因其简洁而强大的表达力,成为科技英语一个重要的词汇特征。例如 water molecules 水分子,satellite communication techniques 卫星通信技术,fire tube boiler inspection door 火管锅炉监察门,breast cancer survey program evaluation 乳腺癌普查计划实施评价,illumination intensity determination 照明强度测定,computer programming teaching device manual 计算机编程教学设备手册。

名词定语在科技文献中可以表达的逻辑包括:

① 物质的属性,如 steel bar 钢棒,concrete structure 混凝土结构;

② 造成某现象的原因,如 friction losses 摩擦损失, engine noise 引擎噪音;

③ 表示物质用途,如 power cable 电缆,stop valve 止动阀;

④ 表示处理方式,如 heat treatment 热处理,bus transfer 公交运输(该词也是计算机领域专业术语,表示总线传输);

⑤ 表示类型,petrol engine(engine using petrol) 汽油机 ,blast furnace 鼓风炉;

⑥ 表示动宾关系,steam consumption (consumption of steam)蒸汽消耗,air supply (supply of air)供气、气源。

三、合成法(Composition)

由多词合成复合词(compound),如 black hole 黑洞,group therapy 小组疗法,biological clock 人体生物钟, motherboard 主板,artificial intelligence 人工智能,big data 大数据。

四、混成法(Blending)

混成法也叫拼缀法,是将单词进行剪裁后再连接起来,形成混成词(blend, portmanteau word, telescopic word)。如生活中常见的 smog(烟雾), brunch(早午饭),由于简单且表达力强,这种构词法同样在科技领域中应用较广。例如,firex 是 fire extinguishing equipment 的混成词,表示灭火设备;medicare 是 medical care 的混成词,表示医疗保障制度;Medicaid 是由 medical aid 混成而来的,表示美国医疗补助方案;advertistics 由 advertising 和 statistics 混成,表示广告统计学;telediagnosis 由 television 和 diagnosis 混成,表示利用电子设备等对病人进行远程诊断。

五、截短法(Clipping)

截短法简洁方便,如果是专业内约定俗成的,则不存在文体问题,否则文体偏非正式。截短词如表 2.4 所示。

表 2.4 截短词

原形	截短词
automobile	auto
influenza	flu
gasoline	gas
aeroplane	plane
refrigerator	fridge
zoological gardens	zoo
memorandum	memo

六、缩略法(Acronym & Initialism)

表 2.5 缩略词

原形	缩略词	翻译
Light Amplification by Stimulated Emission of Radiation	laser	激光
Radio Detecting and Ranging	radar	雷达
Sound Navigation and Ranging	sonar	声呐
American Standard Code for Information Interchange	ASCII	美国信息交换标准代码

需要注意的是,首字母缩略的读法有 2 种,一种是按照字母发音,如 VOA,WTO,WHO,被称为 initialism(首字母连写词);另一种是按单词规律发音,即 acronym,如 NATO(北大西洋公约组织),BRICS(金砖四国)。只有专业约定俗成的缩略词可以在科技文体中使用,否则需要在第一次使用时标注后使用。

还需要注意的是,在不同专业领域,可能存在多义缩略,需要在翻译的时候精准选词。

表 2.6 多义缩略

NAD	
Nicotinamide-Adenine Dinucleotide	生化辅酶
National Academy of Design	美国全国设计院
No Appreciable Disease	医学未查出疾病
IC	
Immediate Constituent	语法直接成分
Integrated Circuit	电子集成电路
Incidental Campaign Expenditure	竞选附带费用
Interior Communications	内部通信联络
Internal Combustion	内燃
IF	
Ice Fog	冰雾

续表

Interferon	干扰素
Intermediate Frequency	中频
Interstitial Fluid	组织液

第三节 科技术语翻译的常见调研方法

科技文献翻译最忌主观臆断，要通过调查研究的方法，得到标准、规范的译文。科技术语翻译常见的调研方法和资源包括以下几类。

一、平行文本

平行文本(parallel text)指与原文主题相同、内容相关，可以逐句对照阅读的原文或者译文，以帮助译者获取专业知识、学习专业术语、借鉴专业表达方式、模仿专业写作风格。与原文内容相关的译入语(target language)参考资料，可以提供标准术语的参考；与原文主题相关的译出语(source language)参考资料，如专题文献、百科词条等可以帮助译者理解原文。

例：书面形式，是指合同书、信件和数据电文(包括电报、电传、传真、电子数据交换和电子邮件)等可以**有形地**表现所载内容的形式。

译文1：The written forms mean the forms which can show the described content **visibly**, such as a written contractual agreement, letters, and data-telex (including telegram, telex, fax, EDI and e-mails).

解析：通过调查研究，阅读平行文本，发现该领域的“有形地”的约定俗成译法为 tangible，所以修订为：

译文2：A written form means a memorandum of contract, letter or data message (including telegram, telex, facsimile, electronic data interchange and electronic mail), etc., which is capable of expressing its contents in a **tangible form**.

例：避免老年人和免疫系统**受损**或有慢性健康疾病的人员接近患者。这些人员包括慢性心脏病、肺病或肾脏疾病及糖尿病患者。

解析：这里我们以“受损”一词为例，展示利用平行文本的翻译调查过程。在与“免疫系统”搭配时，“受损的”专业术语通过平行文本和专业词典查询发现以下结果。

1．**A compromised immune system** does not work as well as it should because components are weakened or missing. Patients may develop **immunocompromise**，as it is known，as a result of medical therapies，underlying disease，or congenital conditions. As long as the immune system is **not fully functional**，the patient is at increased risk of infections and is less able to fight them off. Treatments are available to address these concerns，whether the **immunocompromise** is temporary or permanent.

2. **Impaired**：many people are **immunocompromised**，which means their immune system either doesn’t work well or is not working at all.

3．As an adjective **immunocompromised** is（immunology）having an immune system that has been **impaired** by disease or treatment.

由上可知，impaired 和 compromised 两词可被交叉解释彼此，因此都是可接受的翻译。

译文：Keep elderly people and those who have **compromised** immune systems or chronic health **conditions** away from the person. This includes people with chronic heart，lung or kidney conditions，and diabetes.

二、翻译软件

随着翻译技术的不断发展，翻译软件在科技翻译中起到越来越重要的辅助作用，能够收集、保存、加工和维护翻译数据，提升翻译协作质量，提高翻译效率，重复利用翻译记忆库和翻译术语库，促进知识共享，形成语言资产；减少重复输入，如数字、网址等非译元素，从而降低翻译成本；提高翻译质量，保证翻译风格一致和术语一致性。常见翻译软件如 Trados，Déjà Vu，Wordfast，MemoQ，雅信等。

三、查新词“官”标

所谓的“官”标，是指为了保持术语一致性避免术语混用乱用，而由不同层级机构发布的术语统一规范。

例如“一带一路”最早的译本多样化，最后由发改委、外交部、商务部统一规范，不再使用 strategy，agenda，project，program，统一使用 The Belt and Road Initiative。

美国前总统 Trump 在正式当选前，被媒体译为强普、川普、特朗普等多个版本，在其当选后，统一译为特朗普。

再如，某次政府工作报告现场发布会上提及一句俗语“打铁还需自身硬”，现场译者将之译为：To be turned into iron, the metal itself must be strong。外媒在报道时，将之解读为 To forge iron, one must be strong 或者 To forge iron, you need a strong hammer。可见现场翻译版本由于表现了汉语的高语境特征，寓意未能够被完全解读，最后新华社将之正式译本定为：To address these problems, we must first of all conduct ourselves honorably，以更详尽的表述方式传达“要解决这些问题，自己首先得身正”的政府决心，从而规避了可能的误解。

中国比较权威的科技术语标准发布机构为全国科学技术名词审定委员会，其官网定期更新科技术语，可供科技译者在翻译时查询参考。

表 2.7　科技新词

原文	译文
electromagnetic black hole	电磁黑洞（物理学）
quantum telephone network	光量子电话网（通信）
mobile payment	移动支付（管理学）
cloud computing	云计算（计算机）
smart grid	智能电网（电力）
we media	自媒体（新闻学）
NEOWISE(2020 年 4 月命名的新彗星)	新智慧星

四、专业词汇资源

专业电子词典使单词查询更为简单便捷，且词汇更新速度快，是重要的科技翻译调研手段。常用的电子词典如网易有道、金山词霸、巴比伦、灵格斯、谷歌翻译、必应翻译、百度翻译、Thesaurus 电子词典等。纸质词典更新速度较慢，但是能提供比较详尽的词汇释意，如《朗文当代高级英语辞典》《柯林斯高级英语学习词典》《牛津高阶英汉双解词典》《韦氏高阶英语词典》等。

还有一些网站能提供较为专业的知识，如 www. wikipedia. org; www. answers. com; www. thefreedictionary. com; www. wordreference. com; dictionary. reference. com 等。

五、利用语料库的词汇研究功能

“观其伴,而知其意”。语料库除了能够开展词汇研究,还可以通过统计搭配起到词汇的调研功能。例如,冯跃进等人通过研究 3.2 亿词次的柯林斯英语语料库(The Bank of English)中“副职”一词的翻译,有以下发现:① deputy 搭配较多的名词为 minister, leader, chairman, director, mayor, editor, manager;② associate一般搭配 professor,少量与学术相关的 editor,director 搭配;③ vice 一般搭配 president,chairman,chancellor;④ assistant 一般用于立法、执法领域;⑤ sub 一般与 dean 和 agent 连用。因此,行政商业企业公司的副职的英文可用 deputy;学术、学校报刊、杂志可用 vice,associate,deputy,其中 deputy 为业务副职,其他是职称性和学术性副职。使用语料库进行选词可以确保用词的精确性。

六、看图选词

通过网络图片搜索功能进行名词的选词调查和交叉对比,是非常实用可靠的术语确定方法,例如,在翻译“用玻璃棒搅拌”时,其中的“玻璃棒”能否翻译为 glass bar? 通过搜索引擎查询 glass bar 时所得的图片见图 2.1。

图 2.1

利用不同搜索引擎的图片查询结果可知，glass bar 并不是“玻璃棒”的准确表达。

当译为 glass rod 时，不同搜索引擎的查询结果显示如图 2.2，因此 glass rod 才是正确选择。

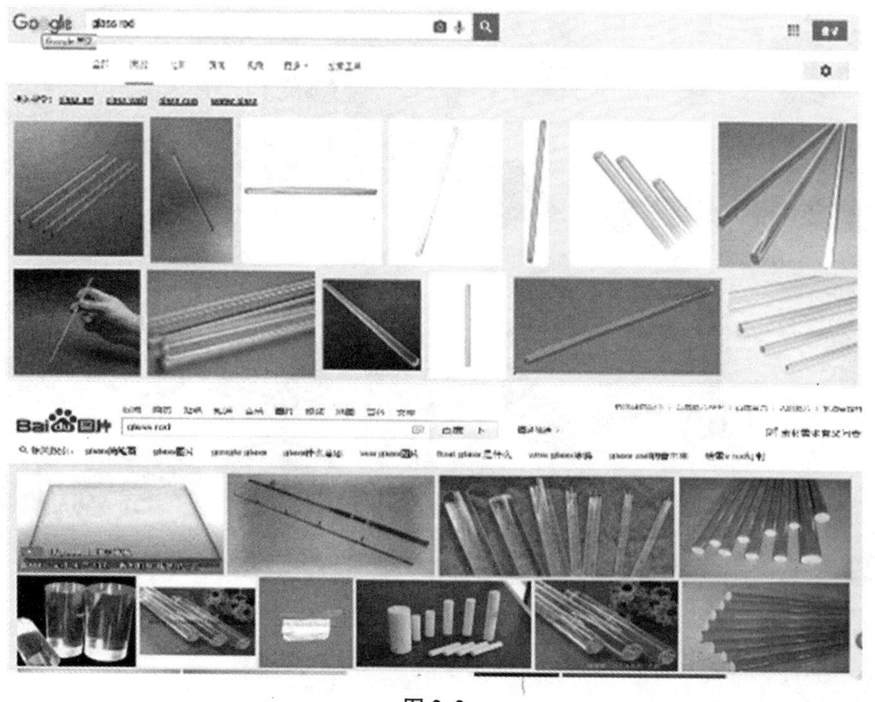

图 2.2

再如,在翻译手工造纸工具"簸箕"一词时,可以先使用电子词典,找到可能的译文,见图 2.3。

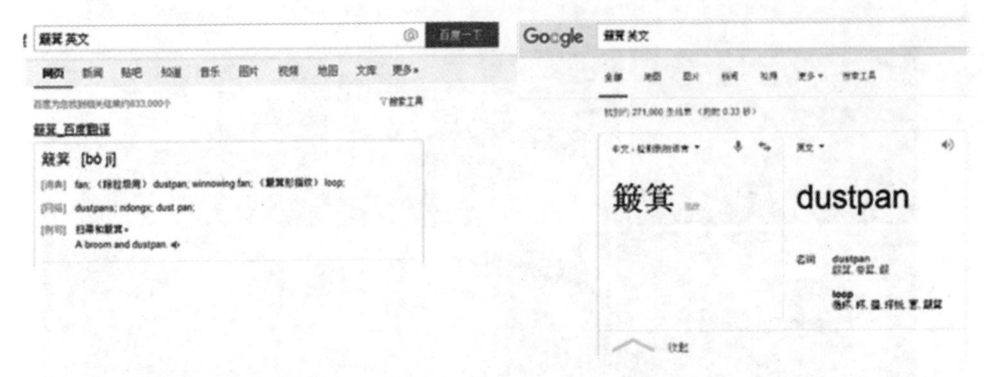

图 2.3

使用图片对不同译文进行检验(见图 2.4),再逐一排查,最后得出"簸箕"最贴切的译文应为 winnowing basket。

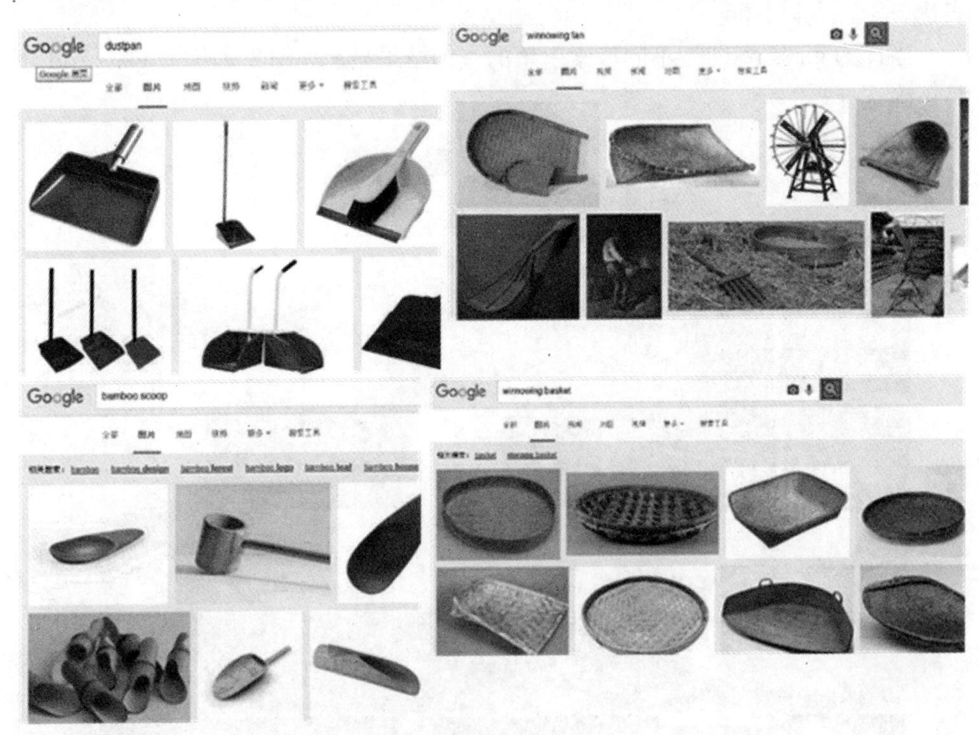

图 2.4

七、语境、意境选词

语境、意境选词举例如表2.8所示。

表2.8　语境、意境选词

原文	译文一	译文二
lively	栩栩如生的(文学领域)	鲜艳的,生动的(科技领域)
active	忙碌的,活跃的	起化学作用的(化学领域); 主动语态的(语法)
identical	相同的(中性的)	千篇一律的(略带贬义)
combine	勾结 他同某些人**勾结**起来,把我们置于一种不适合我们的体制,且不为我们法律所承认的管辖之下。 (He has combined with others to subject us to a jurisdiction foreign to our constitution, unacknowledged by our laws.)	结合,组合,化合 氢与氧**化合**成水。 Hydrogen and oxygen combine to form water.
醉心	engrossed He is deeply **engrossed** in medical research. 他醉心于医学研究。(褒义的)	infatuated He is **infatuated** with fame and gain. 他醉心于名利。(贬义的)
"但是,你这些想法和做法,恐怕还是为了你个人吧?"道静蓦地站了起来:"你说我是**个人主义者**?"(青春之歌)	individualist(误译)	egoist(准确)

第四节　科技术语翻译的常见翻译策略和方法

一、直译(Literal Translation)

科技词汇因较少反映文化差异,意义比较专一,一般可以采用语义直译来准确表达原义。常见的翻译方法包括移植(transplant)、音译(transliteration)和象形译(pictographic translation)。

(一) 移植(Transplant)

移植法举例如表 2.9 所示。

表 2.9　移植法

原文	译文
keyboard	键盘
firewall	防火墙
email	电子邮件
firefox	火狐
gateway	网关
microprocesser	微处理器
hardware/software	硬件/软件
supercomputer	超级计算机
waveform	波形
write-protect	写保护的
monoculture	单种栽培,一元化社会

(二) 音译(Transliteration)

具有高度地域或文化特征的词语,常使用音译法来凸显文化特色,如表 2.10 所示。

表 2.10　音译法翻译文化负载词

原文	译文
茅台	Maotai
汤圆	Tangyuan
窝头	Wotou
锅贴	Guotie
磕头	Kowtow
风水	Fengshui
加油	Jiayou
白酒	Baijiu

在科技翻译中，音译常用于人名、地名、公司机构名、品牌商标等专有名词、计量单位的翻译。英语的发音要遵照国际音标，汉语发音以汉语拼音为依据，同时不刻意追求形义，不随意改变约定俗成的译法。音译过程中要注意规避文化差异甚至是误解。从功能观看，音译能实现较好的指示功能，如表 2.11 所示。

表 2.11　音译法翻译专有名词

原文	译文
人名	
Erwin Schrödinger	薛定谔(物理学家)
Alan Mathison Turing	图灵(计算机科学、人工智能之父)
地名	
California	加利福尼亚
Harvard	哈佛
Boston	波士顿
公司机构名	
Princeton University	普林斯顿大学
Johnson & Johnson	强生公司
Rutgers University	罗格斯大学
品牌商标名	
Siemens	西门子
Yahoo	雅虎
Starbucks	星巴克
Logitech	罗技

续表

原文	译文
计量单位	
ampere	安培(电流强度单位)
calorie	卡路里(热量单位)
volt	伏特(电压单位)

在科技领域，音译也曾造成困扰，例如计算机等领域的 robustness 一词，较早被译为鲁棒性，缺乏上下文，其含义很难理解，也因此在科研人员中引发争议。由于术语一旦固定，就进入文章与检索系统的标准关键词，如"鲁棒性"进入 CNKI 数据库及国家自然科学基金申请代码(F030115 鲁棒与预测控制)，而且该词还在不同领域之间借用，如控制领域、信号处理领域、软件领域，经济领域等。有人试图将之翻译意译，修正为"稳定性、稳健性"，反而造成了该词的专业术语不一致乱象。类似的还有 laser 不同的音译版本——镭射、莱塞和激光，vitamin 译为维他命或维生素，bourgeoisie 被译为布尔乔亚则不如资产阶级更达意。

(三) 象形译

象形译举例如表 2.12 所示。

表 2.12　象形译

原文	译文
U-bolt	U 形/马蹄螺栓
O-ring	环形
T-joint	T 形接头
T-square	丁字尺
T-track	锤形轨迹
V-gear	V 形齿轮
V-belt	三角皮带
X-ray	X 射线
X-type	交叉型
I-steel	工字钢
Z-beam	Z 字梁
twist drill	麻花钻
zigzag wave	锯齿波

二、意译(Liberal Translation)

意译就是根据原文的意思来翻译而非逐字逐句的直译,一般用于词组或更大语言单位的翻译。意译与音译相比,能让受众读者更加理解原文所属语言、文化的特点,避免文化休克,如表2.13所示。

表2.13　意译

原文	译文
contact lens	隐形眼镜
laptop	笔记本电脑
pyramid selling	传销

三、音意结合(Combination of Literal and Liberal Translation)

有的时候,音译可能会引起一些理解的困扰。例如前文所提到的食物翻译,我们可以采用音译与意译结合的译法,既考虑凸显地域文化特征,又兼顾了受众理解能力,是比较理想的翻译方法选择,如表2.14所示。

表2.14　音译结合

原文	译文
汤圆	Tangyuan: dumplings made of glutinous rice ball
窝头	Wotou: steamed black rice or corn bun
锅贴	Guotie: pan-fried meat dumplings

然而,在现实中,例如在美国的餐厅中常见仅有音译的菜单,如日式料理的翻译等,这凸显的是一种文化自信,如表2.15所示。

表2.15　菜单音译

原文	音译	意译
盒饭	Bento	box lunch
生鱼片	Sashimi	raw fish slice
寿司	Sushi	wrapped raw fish slice with rice
烧烤	Hibachi	Japanese style BBQ

一般科技领域中音意结合的意都是对术语的性质、功能等进行界定,如表2.16所示。

表 2.16 科技术语中音意结合

card	卡片
beer	啤酒
invar	因瓦合金
kovar	科瓦铁镍钴合金
Pentium processor systems	奔腾处理器

专题

人名地名英文表达的规范

术语翻译的规范是向下兼容的,也就是较低级别的标准需要根据更高一级的标准调整和统一。例如,前文中谈到的新型冠状病毒肺炎的英文术语的更名过程,即由原来中国卫健委使用的 2019 Novel Coronavirus (2019-nCoV),改为 2020 年 2 月世界卫生组织(WHO)确认其名称为"COVID-19",就体现了这一规范。人名地名的翻译也是如此,作为专业的译者,应该了解和遵循该领域的最高标准规范,努力纠正现在广泛存在的汉语罗马字母拼写的乱象。目前常见的罗马字母标注汉语的方法包括:① 威妥玛式拼音法,由英国外交官、汉学家威妥玛发明,此方法在欧美广为使用;② 邮政式拼音,1906 年春季于上海举行的帝国邮电联席会议通过使用,是一个以拉丁字母拼写中国地名的系统,对中国地名的拉丁字母拼写法进行统一和规范;③ 还有一些地方使用当地方言或古音来拼写地名。如海外的邹姓华人,有用 Chow, Chou, Jew 作为姓氏的转写,这是因为在登记人名时,根据个人发音进行罗马化或用拉丁字母转写产生的乱象,而林姓华人按照汉语拼音应用 Lin,但也有 Lam 和 Lim 存在,分别是由粤语和闽南语的音转写的。还有一些经典例子,如双鸭山大学(中山大学 Sun Yat-sen University 的谐音幽默回译)和常凯申(蒋介石的英文 Chiang Kai-shek 的错误回译),这些都是因为不统一的汉语罗马转化,在回译过程中产生的语言笑话。还有些自以为巧妙的地名翻译,更是让人啼笑皆非,如将湖北省的黄石翻译成 Yellowstone,河南省的新乡翻译成 New York,四川省的达州译为 Florida,山东省的德州译为 Texas。

1978 年,国务院规定汉语拼音为中国地名罗马字母拼写的统一规范。具体标准包括《中国地名汉语拼音字母拼写规则》《少数民族语地名汉语拼音字母音译转写法》。1979 年,联合国第三届地名标准化会议通过决议,采用汉语拼音作为中国地名罗马字母拼法的国际标准,从此汉语拼音成为汉语人名地名罗马转换的规范。

按照以上规则，名从主人，一般汉语地名按普通话读音用汉语拼音字母拼写，少数民族语地名按少数民族语地名汉语拼音字母音译转写法拼写，如表 2.17 所示。

表 2.17　地名音译

汉语地名	音译名
长子县	Zhangzi County
长寿区	Changshou District
六安市	Lu'an City
六盘山	Liupan Mountain
大庆市	Daqing City
大城县	Dacheng County
呼伦贝尔草原	Hulun Buir Grassland（蒙古语的音译转写法）
克拉玛依市	Karamay City（维吾尔语的音译转写法）
甘孜藏族自治州	Garzê Tibetan Autonomous Prefecture（藏语的音译转写法）

对于有些流行已久、广为传播、普遍接受的约定俗成译法，则可改可不改，如表 2.18 所示。

表 2.18　多译现象

汉语名	汉语拼音转写	约定俗成译法
清华大学	Qinghua University	Tsinghua University
长江	The Changjiang River	The Yangtze River
黄河	The Huanghe River	The Yellow River
珠江	The Zhujiang River	The Pearl River

当地名为单字时，则将其属性音译，当地名为两字或两字以上时则不需要音译其属性，如表 2.19 所示。

表 2.19　单字和多字地名翻译英文

汉语地名	音译名
泾县	Jingxian County
霍山县	Huoshan County
天柱山	Tianzhu Mountain
黄山	Huangshan Mountain

古地名译出后，加注现名，如表 2.20 所示。

表 2.20　古地名翻译

古地名	译名
庐州	Luzhou (an ancient name for Hefei)
乌思藏	Wusizang (an ancient name for Tibet and Tibetan)

如果地名溯源复杂，涉及语言、地理、历史、民族、文化等多重内涵，翻译时需尽量凸显其中的内涵差异，如表 2.21 所示。

表 2.21　地名翻译的精确性

地名	译名
寺庙	temple
佛教寺庙	Buddhist temple
寺庙，修道院	monastery
藏传佛教喇嘛寺庙	lamasery
尼姑庵	nunnery
修女院	convent
道教寺庙	Taoist temple
伊斯兰寺院	mosque
恢宏的天主大教堂	cathedral
小教堂	church

汉语人名翻译要依据《中国人名汉语拼音字母拼写规则》，正式的汉语人名由姓和名两个部分组成。姓和名分写，姓在前，名在后，姓名之间用空格分开。复姓连写。姓和名的首字母大写，如表 2.22 所示。

表 2.22　人名翻译

汉语人名	译名
王芳	Wang Fang
杨为民	Yang Weimin
欧阳文	Ouyang Wen
司马相南	Sima Xiangnan
赵平安	Zhao Ping'an

注：分隔符的使用参见第四章。

三音节以内不能分出姓和名的汉语人名，包括历史上已经专名化的称呼，以及笔名、艺名、法名、神名、帝王年号等，需连写，且首字母大写，如表 2.23 所示。

表 2.23　特殊人名翻译

汉语名	译名
冰心（笔名）	Bingxin
流沙河（笔名）	Liushahe
鉴真（法名）	Jianzhen

四音节以上不能分出姓和名的人名，如代称、雅号、神仙名等，按语义结构或语音节律分写，各分开部分首字母大写，如表 2.24 所示。

表 2.24　四音节人名翻译

汉语名	译名
东郭先生（代称）	Dongguo Xiansheng
柳泉居士（蒲松龄的雅号）	Liuquan Jushi
太白金星（神仙名）	Taibai Jinxing

少数民族语姓名，按照民族语用汉语拼音字母音译转写，分连次序依民族习惯。音译转写法可以参照《少数民族语地名汉语拼音字母音译转写法》执行。可以在少数民族语人名音译转写原文后备注音译汉字及汉字的拼音；也可以先用或仅用音译汉字及汉字的拼音，如表 2.25 所示。

表 2.25　少数民族人名翻译

汉语名	译名
乌兰夫	Ulanhu（Wulanfu）
阿沛·阿旺晋美	Ngapoi Ngawang Jigme（Apei Awangjinmei）
赛福鼎	Seypidin（Saifuding）

出版物中常见的著名历史人物，海外华侨及外籍华人、华裔的姓名，以及科技领域各科（如动植物、微生物、古生物等）学名命名中的中国人名，原来有惯用的拉丁字母拼写法，必要时可以附注在括弧中或注释中。

英文人名汉译，一般需综合考虑以下原则：① 从早原则，较早出现的约定俗成版本，如物理学家薛定谔，有人试图译为薛丁格，未能流行开来。再如有些外国历史名城和地名，我国早已有固定译法，尽管现在看来译音不够准确，也不能随意更改。例如,莫斯科是早期根据英文 Moscow 音译的,其俄语 Москва 发音为“莫斯克瓦”,就不宜改动,只能沿用“莫斯科”;华沙是早期根据英文 Warsaw 音译的,其波兰语 Warszawa 发音为“瓦尔沙瓦”,就不宜改动,只能沿用“华沙”。② 名从主人,指翻译专名应该以该名词所在国的语言发音为准。如 Charles de Gaulle,按法语音译为夏尔·戴高乐。③ 从近原则,发音接近。④ 从雅原则,避免贬义的译名。为了使音译专名不至于产生错误概念,要注意用词规范,避免使用与上下文容易联成具有明显褒贬意味的字。

特别需要注意的是,人名地名的翻译需遵从“名从主人”法则。由于社会背景、社会制度、生活习惯的不同,方言地域及文化习俗的差异,也可能产生不同版本的英文名汉译版本。

随着翻译功能观的发展,地名翻译也出现了一些新动向,现在更看重地名英译的指示功能,例如,地铁站名翻译依据《地名管理条例》《汉语拼音正词法基本规则》(GB/T16159)和《公共服务领域英文译写规范》(GB/T30240)等,依法合规,兼顾地理信息和人文内涵,体现对外服务功能,基本以音译为主,如宣武门 Xuanwu Men。名胜古迹等有约定俗成的长期沿用英文名称的,继续使用英文译写,如颐和园 Summer Palace;以东西南北方位词结尾的站名用英文缩写标注方位信息,如角门西 Jiaomen Xi(W),北海北 Beihai Bei(N)。

大学校名的翻译也从意译开始向音译转向,如北京航空航天大学和南京航空航天大学,其中南航保留了意译 Nanjing University of Aeronautics and Astronautics,北航则采用音译 Beihang University,安徽工程大学使用意译 Anhui Polytechnic University,还有使用音译的大学如安徽建筑大学 Anhui Jianzhu University,天津工业大学 Tiangong University,中国人民大学 Renmin University of China,中央民族大学 Minzu University of China,上海交通大学 Shanghai Jiao Tong University。关于上海交通大学的英译名为何不使用 transportation,而使用音译 Jiao Tong,还有一些趣闻典故。据传,“交通”来源于《易经》中的“天地交而万物通,上下交而其志同”,与平时我们理解的交通运输的“交通”不一样,但实际上,其前身是 1921 年成立的归属中华民国交通部的交通大学,彼时交通大学的英文名就叫 Chiao Tung University(邮政拼音)。因此,交通大学的交通其实来源于曾经的主管部门中华民国交通部。作为综合型大学,交通大学“交通”的含义并不仅是英文 transportation 所能涵盖的,音译成 Jiao Tong,扩大了内涵,在对外交流的过程中,会带来更多的便利和实惠,所以也不必一定去追溯其源了。目前的这种共存状态该如何规范,是需要思考的问题。

第三章　句到篇章专题

学习目标

本章将介绍科技文献的主要语法特征以及相应翻译策略与方法。结合英汉语言的差异对比，如意合形合特征，以案例分析说明语言差异在翻译过程中的策略和技巧体现。

第一节　科技文体句法特征

本节主要探讨的是较正式的科技文体句法特征，如科技论文、专著。此类文体对句式的要求是：能够表述复杂概念，信息表达力强，同时要逻辑严密，还需要结构紧凑，文风朴素简洁。

一、从句的使用

使用从句可以增加信息量。

例：If we restrict our attention to the positive part of the curves, where the slope is decreasing, then for any lottery L, the utility of being faced with that lottery is less than the utility of being handed the expected monetary value of the lottery as a sure thing.

译文：如果我们仅关注斜率为递减的曲线正值部分，就会发现对于任意抽奖L，其可能收益的效用小于能确认预期货币收益情况下的效用。

例：If you consider each arm in an n-armed bandit problem to be a possible string of genes, and the investment of a coin in one arm to be the reproduction of those genes, then it can be proven that genetic algorithms allocate coins optimally, given an appropriate set of independence assumptions.

译文：如果你将 n-臂老虎机问题中的每个手柄看作一个可能的基因串，将一个手柄投入一枚硬币看作这些基因的复制，那么可以证明，给定适当的独立假设集合,遗传算法就能最优地分配硬币。

例:Several stochastic algorithms have been developed, including simulated annealing, which returns optimal solutions when given an appropriate cooling schedule.

译文:几种随机算法已经被研究出来,包括模拟退火,当给定合适的冷却调度计划时能够返回最优解。

例:At the heart of every black hole would lie a "singularity", a point at which gravity squeezes matter to infinite density, shrouded by an "event horizon" beyond which anything falling in could not return to the wider outside universe.

译文:每个黑洞的中心都存在一个"奇点",在这个点上,引力将物质挤压至无限密度,并被"事件视界"所笼罩,任何物体坠入该视界内都无法重返广阔的外部宇宙。

翻译时要考虑汉英语言的差异,如汉语一般不使用后置定语,因此翻译时将英语的后置修饰成分放在中心词前,增加行文的紧凑感、逻辑的连贯性。

例:The General Assembly may establish such subsidiary organs as it deems necessary for the performance of its functions.

译文:大会可设立其认为履行职务所需的附属机构。

二、非谓语动词的使用

为了准确完整地表达某一概念,可以使用分词、动名词和动词不定式进行修饰和限定,使句意明确、结构紧凑。

例:Furthermore, Bunch Of Apples is the composite object consisting of all apples—**not to** be confused with Apples, the category or set of all apples.

译文:此外,Bunch Of Apples 是由所有苹果组成的复合对象——不可与 Apples 相混,后者是所有苹果组成的类别或者集合。

例:For example, the high-tech approach may consist in **trying to** build a flying machine that would land on top of the dungeon after **being launched** from the nearby hill.

译文:比如,使用高科技方式,可以试着制造一辆飞行器,在附近的山坡上起飞后在地牢顶上降落。

例:The radiator fan (302) is adapted **to be installed and removed from** a side of the locomotive (100) by engagement with the at least one bracket (310).

译文：散热器风扇(302)适于通过与至少一个支架(310)接合而从机车(100)的侧面安装和拆卸。

例：A primary purpose of the base is **to carry** the above components in a single package, while **elevating** the same above the ground.

译文：底座的主要目的是将上述部件放在一个包装中，将上述部件抬离地面。

例：Certain poisons, **used** as medicines in small quantities, prove not only innocuous, but beneficial.

译文：某些毒品，可少量作药用，被证明不但无毒，而且是有益的。

动名词/现在分词还可以帮助规避科技论文中的施事者，即约定俗成的作者，使句式更简单。

例：**Making** only the LS fit, and therefore looking only at the normal Q-Q plot in the left-hand plot above, would lead to the conclusion that the residuals are indeed quite normally distributed with no outliers.

译文：仅用最小二乘拟合，因而仅从上面左图中的正态 Q-Q 图，即可得到残差实际上是服从无异常数据的正态分布的结论。

例：It is obvious that the ideas **discussed** in the foregoing section pertain primarily to literary translation: they can have little relevance to the wide range of other kinds of translation **covering** everything from legal and technical documents to tourist brochures and advertisements.

译文：很明显，以上章节讨论的观点关注的是文学翻译。对于更广泛体裁的翻译，如法律和技术文本、旅游手册和广告宣传，则不太适用。

三、后置定语的使用

后置定语可以看作定语从句的省略形式，起到定语从句的作用，句子结构却更加紧凑。

例：He proposed to use a one-milliwatt laser beacon, **sufficiently low in power to threaten no damage to the eyes**, and a photo-detector to inform pilots of the range and flight path of aircraft that may pose a collision threat.

译文：他提出用一个一毫瓦的激光信标(**其功率很低，不会损伤人的眼睛**)和一个光检测器，以提醒飞行员可能构成碰撞威胁的飞机的距离和飞行路径。

上例中出现的不符合汉语习惯的后置定语，若不容易融进译文中，则可使用括号加注的方法进行翻译。

例：Usually, a locomotive employs a radiator core and a radiator fan to provide cooling for a power source and for electrical systems and components **installed within an enclosure of the locomotive**.

译文:通常,机车采用散热器芯和散热器风扇来为安装在机车壳体内的动力源以及电气系统和部件提供冷却。

例:The base, generally, is a planar surface **formed of some metallic material/compound, such as steel**.

译文:底座通常是由某种金属材料/化合物(例如钢)形成的平面。

例:Each term in the final summation is just the gradient of the loss for the kth output, computed as if the other outputs did not exist. Hence, we can decompose an m-output learning problem into m learning problems, provided we remember to add up the gradient contributions from each of them when updating the weights.

译文:在最后求和中的每一项仅是第 k 个输出的损耗的梯度,计算时就好像其他输出不存在。只要我们记住在更新权重时,将每个输出的梯度贡献加起来,我们就能将一个 m 输出学习问题分解成 m 个学习问题。

翻译时要考虑汉英语言的差异,比如汉语一般不使用后置定语,因此翻译时将英语的后置修饰成分放在中心词前,增加行文的紧凑感、逻辑的连贯性。另一方面,如果前置修饰语太长,会有头重脚轻、累赘迂曲的感觉,这时候就要进行拆句翻译。

例句:Further inference was drawn by Pascal, who reasoned that if this "sea of air" existed, its pressure at the bottom (i.e. sea level) would be greater than its pressure further up, and that therefore the height of mercury column would decrease in proportion to the height above sea-level.

译文:帕斯卡做了进一步的推论。他认为,如果这种"空气海洋"存在的话,其底部(即海平面)的压力就会比其高处的压力大。因此,水银柱的高度降低量与海拔高度成正比。

四、割裂句的使用

割裂句在英语中较为常见,主要包括介词短语、分词短语,从句,附加成分(如同位语、插入语)等。

(一) 定语从句割裂修饰

例:**A letter** came from them **inviting me to deliver a speech**.

译文：他们来信邀请我去做演讲。

例：Because of the financial crisis, **days** are gone **when local 5-star hotels charged 6,000 yuan for one night.**

译文：由于金融危机，当地五星级宾馆一晚要价 6,000 元的日子一去不复返了。

（二）同位语从句割裂修饰

例：**News** came from the school office **that Wang Xuan had been admitted to Beijing University.**

译文：学校办公室传来消息说王轩被北京大学录取了。

例：**The fact** has worried many scientists **that the earth is becoming warmer and warmer these years.**

译文：这些年地球变暖让许多科学家很担心。

（三）介词短语割裂修饰

例：**Different opinions** have arisen **about who is fit for the position.**

译文：关于谁适合这个职位出现了不同的意见。

（四）分词割裂修饰

例：**A committee** will be formed **made up of 11 parents.**

译文：委员会将由 11 位家长组成。

（五）不定式割裂修饰

例：The general sent an **order** at once **to take the city by surprise.**

译文：将军立即下令，出其不意地攻占这座城市。

现代汉语发展出了用破折号或者括号引入插入成分的新句式，以表达补充说明、解释语义等功能，在科技翻译中使用此类句式可以保存原文风貌。

例：Stronger sources of radiation, **as for instance X-ray machines and exposed radium**, have harmful effects if one is exposed to them for some time.

译文：如果暴露在较强的辐射源下（**如 X 光机或裸露的镭**）一段时间，人体会遭受很大的危害。

例：In the early industrialized countries of Europe, the process of industrialization—**with all the far-reaching changes in social patterns that followed**—was spread over nearly a century, whereas nowadays a developing nation may undergo the same process in a decade or so.

译文:在早期实现工业化的欧洲国家中,其工业化进程**以及随之而来的各种深远的社会结构变革**持续了大约一个世纪之久,而如今一个发展中国家10年左右就可能完成相同的进程。

当然汉英语言在类似语言现象上也存在差异,在翻译的过程中要避免教条主义。比如,英语插入句可以很长,甚至长于主句,这样在汉语中就可能因为造成句子主干成分隔离太远,喧宾夺主,应当采用拆句法进行翻译,避免文风晦涩拗口。

例:Even Albert Einstein—whose general theory of relativity forms the modern basis for understanding black holes—doubted their existence.

译文:即便爱因斯坦提出了广义相对论,为了解黑洞奠定了现代理论基础,他也曾怀疑黑洞是否存在。

五、祈使句的使用

在科技文献中,说明实验或操作一系列动作时,使用祈使句更为直接简捷,可以避免重复出现实验者、研究者等字样。

例:让水冷一会儿,再记下其温度。往试管里灌上一半水,将其加热到临近沸点。将试管固定在试管架上让其冷却。每分钟测一次温度。用玻璃棒小心地搅动。将你所得到的读数记录下来,再将其画成温度与时间相对应的表。在试管里放上一半晶体并重复这一步骤。让固体熔化。将液体加热到100 ℃,再将试管固定在试管架上让其冷却。再将结果记录下来,最后画成图。

译文:Fill a test-tube half full of water and heat it nearly to boiling point. Support the tube on a stand and allow it to cool. Take the temperature every minute. Stir carefully with a glass rod. Record the readings you obtain, and plot them on a graph of temperature against time. Repeat this with a tube half-full of crystals. Allow the solid to melt. Heat the liquid to 100 degrees centigrade, fix the tube on the stand and allow it to cool. Record the results as before and plot them.

例:Consider the problem faced by an infant learning to speak and understand a language. Explain how this process fits into the general learning model. Describe the percepts and actions of the infant, and the types of learning the infant must do. Describe the subfunctions the infant is trying to learn in terms of inputs and outputs, and available example data.

译文:考虑婴儿所面临的学习说话和理解语言的问题。解释该过程是怎样符合一般学习模型的。描述婴儿的感知和动作，以及婴儿必须执行的学习类型。以输入、输出和可用的样例数据来描述婴儿学习时尝试的子函数。

即使不是系列动作，在科技文献中为了聚焦信息，避免出现实施者，也常常使用简单直接的祈使句。

例：As a final example, consider the problem of allocating some common goods. Suppose a city decides it wants to install some free wireless Internet transceivers.

译文：作为最后的例子，可以考虑某些公共物品的分配问题。假设一个城市决定安装一些免费的无线互联网收发器。

例：First consider fitting a straight-line regression model to the data set.

译文：首先我们考虑用直线回归模型拟合数据集。

例：Note that the categorical variables Region and Period require 20 and 2 parameters respectively.

译文：请注意，区和段的类型变量分别需要 20 和 2 个参数。

例：Let the set be a bivariate sample.

译文：将集合设为双变量样本。

例：Assume the same conditions as in Theorem 10.7.

译文：假设与定理 10.7 相同的条件成立。

六、被动句的使用

由于汉英语言差异较大，在科技翻译中要谨防被动句的翻译出错。英语中为了表达客观的叙事视角，且为了规避重复出现施事者（如实验人员），或施事者未知，或不方便点名，而将句子的重心放在受事或者动作上，常使用被动语态。汉语中同样存在被动句，一般使用“被”“为”“让”“给”“叫”“受”等词语来提示被动的逻辑关系，但汉语中的被动有时是“隐身”的，隐藏在语义中，并不以句式或词来提示。这种汉语的受事施事化的原因有很多种假设，其中一种观点认为，中国文化存在“成事者必在人”的主体式思维方式。或者从高语境文化视角出发，文化内人们交流共享很高的隐形信息，一切“尽在不言中”，无需赘述。

英语被动句的开头，如：

It is believed that ...

It is held that ...

It is known to all that ...

It is estimated that ...

It must be pointed out that ...

这些一般翻译为"据说,众所周知,据估计,必须指出"。此外,还可以将被动句转换为主动语态,或隐含被动式施事不明时可以使用泛指主语,如"人们,大家";使用动宾式合成动词引导句,如"据说,据报道";除了使用被字句之外,也可以用"叫,让,给,受"等替代被字。还可以使用"加以,予以,给以"句式。

例:The details of the facade **will be** further fitted up to match the interior.

译文:墙外面将进一步加以装修,与室内风格一致。

英译汉时汉语中表示被动的被字很多时候不必说出,如:

海水不可斗量/海水不可被斗量。

这节课终于上完了/这节课终于被上完了。

你的来信已经收到/你的来信已经被收到。

科技翻译中,一定要关注逻辑关系,避免漏译被动关系。

例:因为**石油深埋**在地下,仅研究地面,无法确定石油的有无。因此,必须对地下岩层结构进行地质勘探。如果认为某地区的岩层含有石油,那就在该处安装钻机。钻机中最显眼的部件**叫**井架。井架**用来吊升**分节油管,把油管放入由钻头打出的孔中。当孔**钻成**时,放入钢管防止孔壁塌陷。如发现石油,则在油管顶部紧固地加盖使石油通过一系列阀门流出。

解析:本例中的被动关系都被标黑了,包括未标注的用无主句表达的被动逻辑,翻译的时候要使用被动句。

译文:As oil **is found deep** in the ground, its presence cannot **be determined** by a study of the surface. Consequently, a geological survey of the underground rocks structure must **be carried out**. If it **is thought** that the rocks in a certain area contain oil, a drilling rig **is assembled**. The most obvious part of a drilling rig **is called** a derrick. It **is used** to lift sections of pipes, which **are lowered** into the hole **made** by the drill. As the hole **is being drilled**, a steel pipe **is pushed** down to prevent the sides from falling in. If oil **is struck**, a cover **is firmly fixed** to the top of the pipe and the oil **is allowed** to escape through a series of valves.

如上例所示,汉译英过程中,不出现主语的句子也都可以用英语的被动结构来表达。

一般来说,语体可以决定被动结构使用的频率,例如,传统观点认为科技英语和新闻报道较多使用被动结构。实际上,现在科技界因为被动结构的过度使用会造成文风晦涩不流畅,若非信息缺损,并不提倡被动结构的泛滥使用。

例:指令基本是以二进制的形式写出的。

译文1:The basic introductions are written in binary terms.

译文 2:We write basic introductions in binary terms.

译文 1 是传统概念中科技文体的客观表达形式,而现在在科技交流中更倾向于使用译文 2 的主动表达方式,即使使用了第一人称这种看似主观的用法。(科技写作中包含了大量的被动语态。无论如何,在科技文体中是可以使用第一人称的。可以不使用"the research was conducted",而是"we conducted the research")。

例:Several commercial packages have been built that meet these criteria, and they have been used to develop thousands of fielded systems. In many areas of industry and commerce, decision trees are usually the first method tried when a classification method is to be extracted from a data set.

译文:为了满足这些标准,已经建造了数个商业化的软件包,并用它们开发了数千个实用系统。在很多工业和商业领域,当试图从数据集中抽取分类方法时,决策树一般是首选方法。

七、名词化(Nominalization)的使用

在汉译英过程中,多使用名词替代动词译法,可以达到正式的效果。先比较以下几组句子。

例:用泵能抽去油箱中的油。

译文 1:The contents of the tank are discharged by a pump.

译文 2:Discharge of the contents of the tank is performed by a pump.

解析:译文 2 更强调存在状态的特征,且句子风格更为正式。

例:有必要检查一下这些结果是否准确。

译文 1:It is necessary to examine/ investigate/ estimate/ determine/ discover/ test whether these results are accurate.

译文 2: It is necessary to examine the accuracy of these results.

解析:译文 2 用名词短语替代从句,显得简洁、正式。

例:工作的进展取决于这个机构的效率如何。

译文 1: The progress of the work will depend on how efficient the organization is.

译文 2: The progress of the work will depend on the efficiency of the organization.

名词化使用抽象名词表示动作或状态,或者使用非限定动词来简化句式。可以简化语言结构和叙事层次,减少使用从句的频率,使行文言简意赅,内容确切,信息量大。但这种结构强调的是存在的事实,而非行为本身。过度使用也会造成文

风晦涩冗余不流畅。

例:In our **discussion** of likelihood weighting, we pointed out that the algorithm's accuracy suffers if the evidence variables are "downstream" from the variables being sampled, because in that case the samples are generated without any **influence** from the evidence.

译文1:在关于似然加权的**讨论**中,我们指出如果证据变量位于被采用变量的"下游",那么算法的精度会受损,因为在这种情况下生成的样本不受证据的任何**影响**。

译文2:在**讨论**似然加权时,我们指出如果证据变量位于被采用变量的"下游",那么算法的精度会受损,因为在这种情况下证据不会**影响**生成的样本。

从上例中我们可以看出,翻译时在避免翻译腔和保持原义的情况下,名词化现象的翻译有2种选择,即保持原来的偏正结构或是还原主谓关系,将之扩展为含主谓结构的分句。

例:The application of information to the economy is best used in the networking of communication, or the so-called Net Economy.

译文:经济中信息的应用主要体现在通讯的网络化上,也就是所谓的网络经济。

解析:翻译时保持偏正结构。

例:The violation of parity conservation would lead to an electric dipole moment for all systems.

译文:破坏宇称守恒会导致所有系统中都产生一个电偶极矩。

解析:翻译时还原主谓关系,将之扩展为含主谓结构的分句。

例:The researchers found a 12 percent **reduction** in the patients' blood cholesterol from a level of 249 milligrams per 100 milliliters of blood.

译文:研究者们发现病人血胆固醇从每100毫升血液249毫克**下降**了12%。

解析:翻译时还原主谓关系,将之扩展为含主谓结构的分句。

例:The **transfer** of information from one part of the computer to another depends on the electrical current being conducted over wires.

译文:信息从计算机的一个部分**传送**到另一个部分,靠的是电线中传导的电流。

解析:翻译时还原主谓关系,将之扩展为含主谓结构的分句。

八、正规词的使用

请比较表3.1中动词或词组的正式程度。

表 3.1　动词的正式程度对比

drop	decrease
get up	increase
get	obtain
do	perform
test	investigate，examine
go up	increase
help	contribute
give	produce，yield，afford
keep	maintain，remain

如第二章中所讨论的，词汇是有正式程度差异的，不光体现在名词用法上，动词同样如此。例如在表 3.1 中，与左栏相比，右栏的词更加正式，更常用于科技文体。请比较以下句子。

例：火山喷发出硫磺气体。

译文 1：Sulphur gases were given off by the volcano.

译文 2：Sulphur gases were emitted by the volcano.

解析：与译文 2 中的动词 emit 的使用相比，译文 1 中的动词加副词形式的谓词结构会显得文风冗余且不正式。

例：这些新电灯耗电量较少。

译文 1：The new lights eat up less electricity.

译文 2：The new lights consume less electricity.

解析：与译文 2 中的动词 consume 相比，译文 1 中的动词词组形式的谓词结构显得不够正式。

九、悬垂分词的使用

悬垂分词，指-ing 分词或-ed 分词结构，或是不定式在句中找不到逻辑主语或依着在不应该依着的词语上，即处于悬垂、无依着状态，通过它的逻辑主语对主句发生依着。

例：Using the electric energy，it is necessary to change the form.

译文：使用电能，需转换电压。

例:To determine the number of cells, a sample is put under a microscope.

译文:为了查明细胞的数量,将一个样本置于显微镜下。

科技文体中为了避免使用人称主语的繁复,只要不引起歧义或造成语义混乱,可以使用不出现逻辑主语的不定式结构的悬垂分词。

十、定语的翻译

例:世界上的大城市有日本的东京,美国的纽约和中国的上海。

译文:The largest cities of the world are Tokyo, Japan; New York, USA and Shanghai, China.

解析:汉语的习惯是由面到点,由大到小,由远到近,由轻到重;英语则从点到面,从小到大,从近到远,由重到轻。翻译的时候,要依据不同语言习惯进行顺序的调整。

例:过去的美好时光。

译文:The good old days.

例:She bought a small, shiny, black leather handbag.

译文 1:她买了一只小的亮的黑皮包。

译文 2:她买了一只乌黑发亮的小皮包。

解析:译文 1 按照英文定语顺序翻译,但不符合汉语习惯;译文 2 则更加通顺。

十一、状语的翻译

例:他去年住在北京市海淀区中关村路 99 号。

译文:He lives at No. 99 Zhongguancun Road, Haidian, Beijing last year.

例:她每天早晨在公园晨练。

译文:She does exercises in the park every morning.

解析:汉语状语顺序一般是"时间—地点—方式",而英语是"方式—地点—时间",翻译的时候,也需要按照语言习惯调整语序。

十二、情态动词的翻译

现代英语的情态动词及其情态含义如表 3.2 所示。

表 3.2　情态动词及其对应情态含义

情态含义	情态动词
能力	can，could
允许、请求	can，could，may，might
建议	will，would，shall，can，could，may
可能性	must，should，ought，may，might，could，will，would
应该、必须	should，ought，must
意愿	will，would
习惯	will，would
需要	need
敢	dare/dared

例：The public must serve and will be served.

译文：我为人人，人人为我。

解析：这句展示了情态动词丰富的表达力。

再以科技文献为例，探讨情态动词常见用法和译法。

例：The electronic control system (　　) be installed.

选项① may

译文：可以安装电子控制系统。

选项② should

译文：应该安装电子控制系统。

选项③ must

译文：必须安装电子控制系统。

选项④ shall

译文：按照规定必须安装电子控制系统。

例：The jack (　　) support 2 tons.

选项① can

译文：千斤顶可以支撑两吨。(确定性最高)

选项② could

译文：千斤顶应该能够支撑两吨。

选项③ should be able to

译文:千斤顶差不多可以支撑两吨。

选项④ may be able to

译文:千斤顶有可能可以支撑两吨。

选项⑤ might be able to

译文:千斤顶或许可以支撑两吨吧。(确定性降到最低)

例: At some railroad crossings flashing lights accompany a railroad crossbuck. When these lights begin to flash, a train is approaching, traffic on the crossing highway **shall** stop immediately. No pedestrian or vehicle shall proceed until the crossbar is raised.

译文:在铁路与公路交叉处设有指示灯及横杆。火车驶近时,指示灯发出红光,交叉路口的交通应立即停止。在横杆立起前,任何行人与车辆均不得通行。

解析:这里的 shall 表示必须,表达了 obligation 和 regulation 的内涵。

十三、名词属格的使用

一般认为名词属格和 of 词组在意义和用法上有许多相同之处,都表示所有关系,如:

The foreign policy of China = China's foreign policy

在科技英语中,一些理论、法则等常常表达的是"来源"含义,用名词属格"'s"表达所有关系就不太合适,因此更多使用 of 词组。如 The laws of Newton 表达的含义是 The laws discovered by Newton,而不是 Newton's laws。

例:Gravitational pull of the earth

译文:地心引力

但是也有例外,如当理论定律的发现者仅为一人时,也可以用名词属格"'s"来表达这种专属关系。如 Fourier's theorem 译为傅里叶原理。

第二节 意合和形合的语言间转换

句子是语法结构的最高层次,是构成语篇的基本语言单位;语篇则由意义关联的句子组合起来,表达一定的主题,结构上具有黏着性(cohesion)、意义上具有连贯性(coherence),实现一定的交际功能,属于修辞和语用范畴。语篇的黏着性和连贯性主要由 3 种手段实现:① 连接成分的使用,一般通过过渡词语(transitional words)实现;② 通过时、体形态及省略、替代、照应等语法手段实现;③ 通过词汇手段实现，如代词、词语的重复，同义词、近义词甚至反义词的使用。

① 英翻汉时要根据具体情况，按照汉语的习惯权衡取舍。

例：**Since** the planet is 2.4 times farther from the Sun than is the Earth, it receives only about one-sixth of the light and heat.

译文：(由于)该行星离太阳的距离是地球离太阳距离的 2.4 倍，它从太阳那里接受的光和热只有地球从太阳那里接受的光和热的六分之一。

解析：汉语是意合的语言，因此这里弱化处理采用意合或者明示采用形合都可以接受。

例：活塞与气缸的配合间隙，对于发动机的使用寿命影响很大，影响配合间隙的主要因素是活塞在工作状态下的变形。为了能真实反映活塞变形情况，国内已广泛采用有限元法进行数值分析。

译文：**Since(因果关系)** the joint gap between a piston and a cylinder has great influence on the service life of an engine, and the primary factor influencing the joint gap is the deformation of piston under working condition, it is important to show up the actual deformation of piston and **for this purpose** the finite element has been widely applied to analyze it numerically in **China**.

解析：这里汉译英，就把内涵的逻辑关系以连接词和其他词汇手段明示了，以符合英语形合的要求。此外有一点需要译者们注意，汉语中的“我国”“国内”等表达，在翻译成英文时同样需要明示，翻译成具体的国家，以符合英语表达习惯。

② 使用时、体形态及省略、替代、照应等语法手段体现逻辑关系。

例如，使用人称代词的照应，使用指示代词 this, those 的照应。

例：A helicopter is free to go anywhere. **This** is what makes the helicopter such a useful vehicle.

例：Listen to **this**. There should be no error, no delay and no waste.

其他替代如名词性替代 the red one；分句性替代 I do，I hope so 等。

利用时、体形态来体现逻辑关系。例如，使用完成体铺叙背景，再用一般过去时具体叙述事件。

例：French anthropologists have recently found surprising information about the Neanderthal men who lived in caves of the Middle East some 60,000 years ago. Working in a cave about 250 miles north of Baghdad, Iraq, the Frenchmen found several Neanderthal skeletons.

译文：法国人类学家近来发现了尼安德特人 6 万年前曾居住在中东地区洞穴中的惊人事实。他们在伊拉克巴格达以北 250 英里(约合 402 千米)处的一处洞穴中考古时，发现了一些尼安德特人的遗骨。

解析:需要注意的是,如前所述,这里在翻译时态时,虽然使用汉语词汇"了"进行标注,但是不能生硬一一对应,要顺应汉语的表达习惯;翻译地点和时间时,按照汉语习惯调整了语序;按照汉语习惯也相应将地点调整为从大到小;按照汉语习惯增加了范畴词"中东地区"。可见语篇层面的翻译,需要从细节抓起,结合语境进行综合考量和转换。

③ 通过词汇手段实现,如词语的重复,同义词、近义词甚至反义词的使用。英语写作的一个特点是多样化(variety),但是在不引起累赘的情况下,也可以使用重复的方式来进行语篇的连接,这个词可以是同义词、近义词、概括词,如:

The girl has a **dog** and she feeds the **pet** everyday.

英语是一门形合的语言,尤其是科技英语,信息量大,重视叙事的逻辑性、层次感,有多重论证手段,需要以连接词(connector)来凸显逻辑上的连贯(coherence)、明晰(clarity)和畅达(fluency)。逻辑关系一般包括:因果、演绎与归纳、转折与引申、列举和例证、顺序和时间等。其对应的英文表达包括以下几类。

一、时间和顺序

如: initially, firstly, secondly, next, then, later, last, lastly, finally, eventually, as soon as, meanwhile, the moment, at the beginning, subsequently, consequently, after that, since then。

二、表示转折与引申

如: however, nevertheless, nonetheless, but, furthermore, moreover, in addition, likewise, similarly, on the contrary, despite that, more specifically, unlike, opposed to, whereas, equally, besides。

需要注意的是,有些英语使用者很喜欢用 besides 来表达递进含义"此外",但实际上这个词具有让步的含义,例如:

I haven't time to see the film; besides, it's had dreadful reviews.

与翻译成"此外,而且"相比,这里的 besides 更恰当的翻译是"再说了"。因此不能望文生义,一定要把握词语的深层含义,以实现翻译的准确性。

三、表示列举和解释

如: for instance, for example, i.e., specifically, including, that is to say, in other words, that is, and so on, in particular。

四、表示因果

如：since, as, so, hence, because, for, accordingly, consequently, thus, therefore, in view of, in that, due to, owing to, such that。

五、表示演绎与归纳

如：in conclusion, in summary, to sum up, to summarize, to conclude, in brief, in short, as a result, on the one hand, on the other hand, in a word, in short。

六、表示相反关系

如：in contrast, but, however, yet, on the other hand, surprisingly, nevertheless, instead。

七、表示相似关系

如：similarly, likewise。

为了满足汉英意合和形合的语言风格转换，可以使用一些翻译技巧和方法。

① 翻译时满足"意尽为界"的汉语特点，可以使用合句法。

例：For many years the earth has been unable to provide enough food for these rapidly expanding populations. The situation is steadily deteriorating since the fertility of some of our richest soils has been lost. Vast areas that were once fertile lands have turned into barren desert.

译文：许多年以来，地球一直不能为迅速膨胀的人口提供足够的食物，而且这种情况正在逐渐恶化，因为一些富饶的土地已经失去了肥力，曾经幅员辽阔的肥沃土地已经变成了荒凉的沙漠。

② 按照不同的语言习惯，通过拆离(Splitting-off)进行语言单位(如词和句、短语和句、句和句群)的转换。

例：Humans **instinctively** understand that any failure in our ability to store and retrieve information is a threat to our survival.

译文1:人类**本能地**懂得如果不能储存和检索信息,生存就会受到威胁。

译文2:**基于本能**,人类懂得如果不能储存和检索信息,生存就会受到威胁。

解析:译文2更符合汉语表达习惯。

例:Extraction of the uranium **follows mining of the ore**.

译文:把矿石开采出来后,**接着就是铀的提炼**。

例:对原油的商业开采是**世界上**最具开放性的技术应用之一。

译文:The commercial exploitation of crude oil has been among the most liberating technologies **the world has ever known**.

③ 由于两种语言的差异,英汉互译要避免教条主义,可以根据语言习惯进行句子成分转移,如词性的变化。

例:Rockets have found **application** for the exploration of the universe.

译文:火箭已经**用于**宇宙探索。

例:He is no smoker, but his father is a **chain-smoker**.

译文:他不抽烟,但他爸爸却**一支接一支不停地抽**。

例:He was a voracious **reader**, spending much of his days and evenings devouring books.

译文:他**读起书来**废寝忘食,夜以继日。

例:**Without** the gas pipe lines, the movement of large volumes of gases over great distances would be an economic **impossibility**.

译文:如果没有气体管道,长距离而又经济地输送大量气体**是不可能的**。

④ 根据形合意合的语言形态不同,翻译时进行相应的增减变化。

如复数形态的增词,gases 翻译成"几种气体";具体概念(范畴词)的增词 processing 翻译成"加工过程",pollution 翻译成"污染问题"。实意结构词的含义表达,如 being a semi-conductor 翻译成"由于是半导体",only to reduce 翻译成"结果只会减低"。

⑤ 英语中以曲折形态表达语法意义,在翻译为汉语时可以借助一些单词进行表达,如使用形态助词"着、了、过、化";或使用词重叠和组合,如"讨论讨论、试一试、看看"。

例:a canning tomato

译文:做罐头用的西红柿

例:infect**ed** patients

译文:**受**感染者

例:test **to** be taken

译文:**将要**做的测试

例:modifi**ed** processing

译文:**经过**改良的加工方法

例:ag**ing** and dy**ing** stars

译文:**日渐**衰老、**濒临**死亡的恒星

例:confus**ing** signals

译文:**引起**混乱的信号

英译汉时时态同样可以用词汇手段表达。

例:It **was** the field of geoscientists. It **is** a source of **growing** interest for chemists and zoologists as well.

译文:它**过去**是地球科学家们的研究领域,**现在**则成为了化学家和动物学家们**日益**感兴趣的所在。

例:Scientists **thought** that regular orbits of such faint particles were practically nonexistent. The idea **has now been** rejected by facts.

译文:科学家**原以为**这样微弱的粒子实际上是不存在有规则的轨道的。这种看法**现在已经被**事实否定了。

⑥ 由于英汉语言差异,在翻译时需要进行时态转移(tense shift)。时态转移一定要顺语境而为,不能强求和教条。

例:Tooth decay revers**es** completely thanks to early treatment.

译文:早期治疗龋齿是可以治愈的。(一般现在时转移为将来时)

例:Enzyme plays an important role in the complex changes in tooth growth.

译文:酶在牙齿生长的复杂变化中起**着**重要的作用。(一般现在时转移为进行时)

例:These substances further **speed up** the decay process.(一般现在时转移为过去时)

译文:这些物质进一步**加速了**衰变过程。

例:More drifting ocean buoys **have now been** deployed in that area of NCSS.

译文:国家空间研究中心在那个海域部署**了**更多的海洋浮标。(完成时转移为过去时)

例:Knowing a severe winter **is coming** would enable farmers to plan crop selection.

译文:农民预知严冬将至就**可以**更好地选择种植什么作物。(进行时转移为将来时)

⑦ 根据形合意合语言对信息量的要求,需要在翻译过程中进行信息的增补或删减。

例:贯彻三个代表重要思想,关键在坚持与时俱进,核心在坚持党的先进性,本质在坚持执政为民。

解析:关键、核心、本质三词的表达同义,无需重复。

译文:The implementation of the important thought of Three Represents is, in essence, to keep pace with the times, maintain the Party's progressiveness and exercise the state power in the interest of the people.

例:多年来那个国家一直有严重的失业现象。

解析:问题、工作、情况、状态、局面这些属于汉语习惯的无实际意义的范畴词,无需译出。

译文:For many years there has been serious unemployment in that country.

例:Their somewhat hit-or-miss type of prescribing, however, brought the caustic comment from one doctor who specializes in internal medicine, "It is a dangerous throwback to **the Middle Ages**."

译文1:他们那种多少带点随意性的治病方法却总要招致那些精于内科学的医生们的尖刻的挖苦:"这简直是向着**中世纪**的危险的倒退!"

译文2:他们那种类似撞大运式的治病方法招来一位精通内科学的医生的刻薄挖苦:"这简直是向**中世纪黑暗时代**的危险倒退!"

例:A new kind of aircraft—**small**, **cheap**, **pilotless**—is attracting increasing attention.

译文:一种新型飞机正在越来越引起人们的注意:这种飞机**体积**不大,**价格**便宜,**无人**驾驶。

例:I washed my hands.

译文1:我洗我的手。

译文2:我洗手。

例:He shrugged his shoulders, shook his head, cast up his eyes, but said nothing.

译文:他耸耸肩,摇摇头,两眼看天,一句话也不说。

专题

四字格是翻译应当追求的高境界吗?

汉语四字格“亲朋好友”“平安无事”“你追我赶”“五彩斑斓”等,这些表达都有明显的同义重复现象,但是因其朗朗上口、韵律优美,是中国人喜闻乐见的表达方式。英语行文用字则注重上下文的照应和逻辑上的合理搭配,强调客观简洁,层次清楚,最忌堆砌、重复、冗余,语言上追求一种自然流畅之美。因此汉语句子中很多富有文采的优美句子在英语中会被认为是累赘、不合语法的。如汉语中用于描写景物的大量的优美四字格在汉译英时都需要使用“省译”的手法,使之客观简洁,符合英语的行文习惯。

例:芳草萋萋,踏之何忍/呵护绿色,善待生命

译文:Please keep off the grass.

例:(湖南张家界风景名胜区)境内怪峰林立、溶洞群布、古木参天、珍禽竞翅、山泉潺潺、云雾缭绕。

译文:There are countless strange peaks, clusters of limestone caves, ancient trees as high as the sky, rare and precious birds, flowing mountain-springs and cloud-like mists floating above you.

过分详细冗余的、专业的、难以理解的、不影响景观欣赏的信息可适度删减。并应对语言过于花哨、臃肿堆砌、无实际意义的纯感性文本进行修辞性删减,或进行释义处理。

再看一个例子。

例:玉环天生丽质,姿容绝艳。滴泪好似红冰,浸汗有如香玉。容貌之美,到了“**回眸一笑百媚生,六宫粉黛无颜色**”的程度。

译文1:Yang Yuhuan grew up to be a rare beauty.

译文2:Turning her head, she smiled so sweet and full of grace, that she outshone in six palaces the fairest face.(许渊冲译)

译文3:Glancing back and smiling, she revealed a hundred charms. All the powdered ladies of the six palaces, at once seemed dull and colourless.(杨宪益、戴乃迭译)

这里,应用翻译(译文1)中的精简与文学翻译领域的版本(译文2和3)形成了鲜明的对比。

第三节　翻译的最高境界:重组

使用翻译软件进行翻译,一般以词为基础,创建术语库;以句子为单位对齐,创建翻译记忆库,并进行翻译。这样做的局限性是,译者难以在篇章层面凸显语言的特色,无法体现整体的流畅性,而对篇章(如以段为单位)的融会贯通,需重新组织句子成分,脱离原文的层次与结构安排,彻底摆脱源语言的约束,以体现译出语的特点。例如,英语单句在层次上通常要先说次要的内容,后说主要的内容,句子呈尾重形式,而英语复句在层次安排上是先说结论,后说分析,先说结果,后说原因,先说假设,再说前提,即采用重心前置式。汉语单句与复句则均采用重心后置式。按照语言表达差异进行原文(特别是句群篇章)的译写,以增添译文的风采,这对译者的语言能力要求很高。

翻译案例解析

原文:《学术英语写作与沟通》慕课课程上线

译文:*Academic English Writing and Communication*: A Course Available Online

解析:使用副标题来规避完整句出现在标题中,并对结构进行了调整,以符合英语的表达习惯。

原文:5 月 15 日,外国语学院慕课课程《学术英语写作与沟通》在"学堂在线"平台正式上线。

译文:*Academic English Writing and Communication*, a massive open online course (MOOC) offered by the School of Foreign Studies, HFUT, got online at Xuetangx. com on May 15.

解析:按照英语时间状语表达习惯后置。慕课采用了全称加首字母缩略法,这是科技翻译领域处理常规手段。

原文:课程由外国语学院唐教授牵头的学术英语教学团队制作。该团队在长期教学经验积累的基础上,针对"互联网+"时代课程建设的特点,打破传统教学模式,优化课程教学内容,致力于培养本科生、研究生学术写作能力和学术语言表达能力。课程系统介绍了英文学术论文的结构和语言写作要点,以实际案例讲解了国际学术会议交流的主要流程和交流技巧,有助于提升师生国际化交流水平和科研竞争力。

译文:The course is produced by an academic English teaching group with the School of Foreign Studies headed by Professor Tang. The teaching group has accumulated rich experience and endeavors to turn the traditional knowledge-based teaching mode into a skill-oriented blended learning model, which vividly shows the teaching features of the "Internet Plus" Era. Aiming to cultivate academic writing and communication skills in undergraduates and graduates, the online course systematically introduces the basic structure of academic paper and its writing tips, and elaborates on the academic conference agenda and communication skills, which will definitely improve the international communication competence of the faculty and students, thus improve their scientific research competitiveness.

解析:该段出现了大量动词,这种语言现象常常出现在科技翻译里对实验过程的描述中,一般使用祈使句来简化句式。按照原文,可以翻译为:Based on the experience accumulated ..., the team, with full considering of the features ..., tries to break ..., to optimize ..., and to upgrade ...原文句子的排比读起来朗朗上口,符合汉语表达习惯,但译文大量的动词连用,使得句子读起来累赘冗长;而遵照原文的表达顺序,我们会发现逻辑不够清晰,比如"致力于培养本科生、研究生学术写作能力和学术语言表达能力"实际上是课程的目标,并不是教学团队的直接目标,所以译者采用了译写的方式,对全段进行了逻辑重组。此外,本段体现了中英文表达上的差异,中文的表达偏抽象,如"打破传统教学模式,优化课程教学内容",英文则根据低语境文化的特点进行了信息的扩充,对传统和优化内容都进行了具体化的阐释。

原文:近年来,学校研究生院、教务处等部门将慕课建设纳入课程建设整体规划,将其作为提升学校教育教学质量、推进创新型人才培养的重要抓手。外国语学院立足于高等教育国际化背景,发挥学科优势,与时俱进、大胆创新,进行了一系列教学改革尝试,取得了较为丰硕的成果:研究生英语学习 EPC 平台投入使用、学术英语海报大赛成功举办、组织学生积极参与国际学术交流等。本次《学术英语写作与沟通》慕课课程的上线是学校教学改革过程中的又一个重要成果。

译文:In recent years, the Graduate School and Office of Academic Affairs have highlighted MOOC in their curriculum design, and treated it as an important tool to improve the academic performance of the school and cultivate innovative talents. With globalization of higher education, the School of Foreign Studies took the initiative to reform her courses and dazzled all with a series of accomplishments: English Practice Center was built and benefited all the graduate students; English Academic Poster Competition was successfully held; More and more students are encouraged to participate in the international academic exchange, etc. This online course is another important achievement of the school's teaching and reform efforts, incorporating the language advantages into the development of the university.

解析：这一段同样根据逻辑习惯进行了句子的顺序重组，如将"发挥学科优势"后置，并且增补其暗含的意思，利用学院的学科优势服务学校发展，最后译为"incorporating the language advantages into the development of the university"，从而有因有果，使信息表达更加完整具体，符合英语表达习惯。同样，根据中英文表达对信息的要求、风格的要求不同进行了译写，让表达信息的落地，如"课程建设整体规划……重要抓手"译为"curriculum design"和"important tool"；四字格表达"与时俱进、大胆创新"译为"took the initiative to reform"。

原文：欢迎全校师生加入课程《学术英语写作与沟通》(https://next.xuetangx.com/course/hfut05021002478/4028318)！

译文：Welcome to *Academic English Writing and Communication*!

You may join us at https://next.xuetangx.com/course/hfut05021002478/4028318.

解析：这里的原文符合汉语意尽为界的特点，把网址直接附在句中，并不受制于语法规范。英文则有着很严苛的语法限制，网址不可以直接附在句中，其处理的方法多样，也可以用括号加注的方式，但是生硬不够流畅。本译文采取了邀请的形式，使用了拆句法进行翻译，使句子更加流畅，符合英语表达习惯。

重组翻译练习

模仿上例分析附录第三部分的中译英内容，解析其中的重组原因和手段，并写一篇翻译评价。

第四章　科技翻译中的非译元素

学习目标

本章将阐释科技翻译中的非译元素如数字、符号、标点、大小写规范、方程式、分子式、图表等的英文表达，解释相应的国际、国家、专业规范，以及避免非译元素翻译错误的基本翻译技术手段。

第一节　数理表达式

科技文献中数词含义严谨，翻译中需特别注意表达规范，避免出错。我们先看一段计算机领域高水平会议的论文审稿意见：

[Detailed comments] Additional comments regarding the paper (e. g. typos, any suggestion to make the submission stronger):

There are many typos and formatting issues in the paper as following, 1. vision[13-15]->vision [13-15] 2. x ,xref , minD->x, xref, minD. The caption of Figure 4 is not clear to me. How to read the figures from low to high quality?

从这段评审标准和审稿人意见可见，高水平会议论文审稿，非译元素的使用情况也是决定论文接收与否的审稿标准。

一、数字和数学概念的表达

（一）基数词(Cardinal number)

基数词英译如表 4.1 所示。

表 4.1 基数词英译

原文	译文
42,323	forty-two thousand three hundred and twenty-three
25,000,000	twenty five million
657,000	six hundred and fifty-seven thousand

在笔译时,也可以直接使用阿拉伯数字,但应记住英文规范中分隔符的使用方法。

(二) 序数词(Ordinal number)

序数词英译如表 4.2 所示。

表 4.2 序数词英译

原文	英文简写	译文
第 12 个	12th	twelfth
第 22 个	22nd	twenty-second
第 325 个	325th	three hundred and twenty-fifth

在笔译时,可以直接使用阿拉伯数字加序数上标表达,也可以使用表 4.2 中最右栏的读数法。

(三) 小数(Decimal)

小数英译如表 4.3 所示。

表 4.3 小数英译

原文	译文
0.56	zero point five six
0.1	one tenth/point one
0.01	one hundredth/point zero one
0.001	one thousandth/point zero zero one
.98	point nine eight
63.12	sixty-three point one two

这里的小数点读作 point,小数点后面的数字依次单独读出。

（四）分数（Fraction）

分数英译如表 4.4 所示。

表 4.4 分数英译

原文	译文
1/4	one fourth
8/9	eight ninths
5/12	five twelfths

（五）百分数（Percentage）

百分数英译如表 4.5 所示。

表 4.5 百分数英译

原文	译文
75%	seventy-five percent
0.68%	zero point six eight percent
369%	three hundred and sixty-nine percent

曾经英式英语和美式英语采用不同的单词表达百万以上的数字，现在国际普遍接受并采用了美式英语的表达方式，因此在翻译过程中，可能会遇到美式英语表达和旧式英式英语的不同表达法。基数词英译对比如表 4.6 所示。

表 4.6 基数词英译对比

数字	美式英语	英式英语
1,000,000,000	billion	thousand million
1,000,000,000,000	trillion	billion/million million
1,000,000,000,000,000	quadrillion	thousand billion/trillion

在笔译中，数学概念可以作为非译元素不翻译，但如果是在口译时，或者进行现场报告的语言服务时，就需要了解这些数学概念的英语表达规范，如表 4.7 所示。

表 4.7 数学概念英文表达

原文	译文
x^2	x squared
x^3	x cubed/to the power of 3/ to the third
x^{7a+b}	x to the power of seven a plus b
x_5	x five/x sub five
x_{i+1}	x sub i plus one
x'	x prime
$\overline{x}$	x bar
$\sqrt{x}$	root x
$\sqrt[3]{x}$	cube root of x or third root of x
$\sqrt[i]{x}$	i'th root of x
$\frac{\mathrm{d}f}{\mathrm{d}x}$	derivative of f with respect to x
$\frac{\partial f(x,y)}{\partial y}$	partial derivative a function $f(x,y)$ with respect to y
$\int f(x)\mathrm{d}x$	integral over x
$\int f$	indefinite integral
$\int_a^b f$	definite integral
$\int_0^\infty f$	integral from zero to infinity
$\sum_{i=0}^{n} i$	the sum from i equals 0 to n of
$\lvert x \rvert$	modulus x
$n!$	n factorial

二、数学关系的表达

(一) 倍数的表达

例:The distance is eight times as long as the previous one.

译文 1:这一距离是前者的 8 倍。

译文 2:这一距离 8 倍于前者。

译文 3:这一距离比前者长 7 倍。

例:The particles on the surface layer are three times more than those beneath the crust.

译文 1:表层粒子数比表壳下粒子数多 2 倍。

译文 2:表层粒子数是表壳下粒子数的 3 倍。

例:Auto accidents increased by 2.5 times compared with late 1960s.

译文 1:车祸比 20 世纪 60 年代末增加了 1.5 倍。

译文 2:车祸增加到 20 世纪 60 年代末的 2.5 倍。

例:在战后,这个国家的钢年产量翻了一番。

译文:This country has doubled her annual steel output during the post-war year.

在倍数这一数学关系的翻译中,我们能看到英汉表达的一些惯例,如汉语“增加一倍”或“是……的两倍”时,译为 double;汉语“增加两倍/增加到三倍”的译文为 treble or three times,“增加了三倍/增加到四倍”为 quadruple or four times,再往上就是数词加 times 模式。

减少表达法主要有 Decrease/drop/reduce n times; n times less than; reduce by a factor of n; n-fold reduction 等。英语减少依然可以用倍数,只是用词转换,如:increase—decrease, raise—reduce, more than—less than。汉语则无倍减表达,用的是分数。

还有净减数的表达:减少了$(n-1)/n$;表示基数成分减少到 $1/n$。

例:16-fold decrease.

解析:减少了 15/16(减少到 1/16)。

例:Four times less than the original length.

解析:比原长度缩短了 3/4(缩短到原长度的 1/4)。

例:Reduce by a factor of 10.

解析:减少了 9/10(减少到 1/10)。

以下为对应的翻译案例。

例:The principal advantage of the products is a two-fold reduction in weight.

译文:这些产品的主要优点是质量减轻了 1/2。

例:农业工具的价格已降低了 2/5。

译文:The price of farm tools has decreased (by) two fifths.

例:Switching time of the new-type transistor is shortened 3 times.

译文:新型晶体管的开管时间缩短了 2/3(减少到原来的 1/3)。

例:The output of that factory last year fell to 65% of the output in 2003.

译文:该工厂的产量下降到 2003 年的 65%。

翻译时需要注意英汉语表述差异,也要依从语言习惯规避非整偶数的译法,如:

例:The signal-collecting area of each system would be at least 100 times greater than that of the Arecibo telescope.

译文 1:每个系统的收集信号区域将至少是阿雷西博望远镜的收集信号区域的 100 倍。

译文 2:每个系统的收集信号区域至少比阿雷西博望远镜的收集信号区域大 99 倍。

汉语中较少使用译文 2 的表达方式,因此需要规避。

例:Measurements on links 340 and 440 miles long give intermodulation noise that are greater than for free space by factors of about 1.35 and 2.15.

译文:在 340 英里及 440 英里的线路上所测出的互调噪音比自由空间的互调噪音分别大 0.35 倍和 1.15 倍。

如果是巨大倍数,则不再考虑语言的这一差异。

例:Damaged cells increased by some 115,000 times as against those before stripping away the protein.

译文:受损伤的细胞比去除蛋白质前增加了约 115,000 倍。

除了英汉倍数表达差异,英汉倍数表达还有概念上的文化差异。

汉语的基本表达包括:

① 甲是乙的 n 倍。

② 甲比乙(比较内容,如高、大)n 倍。

与①句相比,②句不包括基数,可以转化为:甲是乙的 $n+1$ 倍。

而英语的基本倍数表达包括:

A is n times as large/long/ heavy as B.(字面意相当于①句)

A is n times larger/longer/heavier than B.（字面意相当于②句）

A is larger/longer/heavier than B by n times.（字面意相当于②句）

但是，实际上在英文中，以上三句都是增加到 n 倍，是原有的 n 倍，增加了 $n-1$倍，都相当于上述中文的①句。这就是中英文在倍数概念上的文化差异。

（二）"每、隔"的翻译

如 Every three days 译为"每三天或每隔两天"。

例：Multi-purpose testers are installed to check the pressure — one for every ten.

译文：每隔九个测试器即安装一台多用途测试器以校正压力。

（三）同比：与上一年同期相比

例：全球最大的重型机械制造商之一小松报告，其中国市场的单位销售量 3 月份**同比下降 28%**。

译文：Komatsu，one of the biggest heavy machinery makers，saw Chinese unit sales **fall 28percent year on year** in March.

例：这可能是逾 60 年来最大幅度的**同比下降**。

译文：This would be the biggest **year-on-year fall** for more than 60 years.

从例句可见，"同比"可以使用 year on year，year-on-year，year-over-year 来表达。其他的表达方式如：

例：物价继续走低，居民消费价格**同比下降 1.2%**。

译文：Prices continued to fall with the consumer price index **falling 1.2 percent from a year earlier**.

例：整体而言，税前利润**同比**增长 3%。

译文：Overall，pre-tax profits were 3 percent higher than **a year earlier**.

例：2007 年，总的外来投资达到 230 亿美元（最新可用数据），**同比**增长了 40%。

译文：Total inward investment was ＄23 billion in 2007（the latest available figure），up over two-fifths on **a year earlier**.

由例可见，from a year earlier，from a year ago，from a year before，from the same period a year earlier 均可以表达**同比**概念。

例：数据显示，中国第四季度国内生产总值**同比**增长 9.8%。

译文：The data show that China's gross domestic product expanded at 9.8 percent in the fourth quarter **compared to a year earlier**.

上例可见,compared to/with 也可表达同比概念。其他还有一些表达,如 against the previous year, on a similar comparison, like-for-like 均可以表达同比概念。

（四）数学符号的英文表达

数学符号的英文表达如表 4.8 所示。

表 4.8　数学符号的英文表达

$\exists$	there exists
$\forall$	for all
$x \in A$	*x* belongs to *A* / *x* is an element (or a member) of *A*
$x \notin A$	x does not belong to *A* / *x* is not an element (or a member) of *A*
$A \subset B$	*A* is contained in *B* / *A* is a subset of *B*
$A \cap B$	*A* cap *B* / *A* meet *B* / *A* intersection *B*
$A \cup B$	*A* cup *B* / *A* join *B* / *A* union *B*
$A \setminus B$	*A* minus *B* / the difference between *A* and *B*
$A \times B$	*A* cross *B* / the cartesian product of *A* and *B*
$p \Rightarrow q$	*p* implies *q* / if *p*, then *q*
$p \Leftrightarrow q$	*p* if and only if *q* /*p* is equivalent to *q* / *p* and *q* are equivalent
$x = 5$	*x* equals 5 / *x* is equal to 5
$x \neq 5$	*x* is not equal to 5
$x \equiv y$	*x* is equivalent to (or identical with) *y*
$x \not\equiv y$	*x* is not equivalent to (or identical with) *y*
$x > y$	*x* is greater than *y*
$x \geqslant y$	*x* is greater than or equal to *y*
$x < y$	*x* is less than *y*
$x \leqslant y$	*x* is less than or equal to *y*

（五）数学公式的表达

表 4.9 数学公式英文表达

公式	英文表达
$2+4=?$	How much is/makes two plus four? How many are two and four? What are two and four?
$2+4=6$	Two plus four equals six. Two and four is equal to six.
$8-3=?$	How much is eight minus three? What is three from eight?
$8-3=5$	Eight minus three equals five. Three taken from eight leaves five. Three subtracted from eight leaves five. Take three from eight and the remainder is five.
$3\times 4=?$	How many are three multiplied by four? What is three multiplied by four? How much gives three times four? What is three times four?
$3\times 4=12$	Three multiplied by four equals twelve. Multiply three by four gives twelve. Three times four makes twelve.
$8\div 2=?$	How many is eight divided by two? How many times does two go into eight?
$8\div 2=4$	Eight divided by two makes four. Two into eight goes four times.
$(8+\frac{5}{7}-3.14\times 6)\div 3\frac{3}{4}$	Eight plus five over seven minus three point one four multiplied by six, all divided by three and three over four.

续表

$(1+x)^n=1+\frac{nx}{2}+\frac{n(n-1)x^2}{2}$	The quantity one plus x to the ^{n}th power equals one plus n times x all divided by two, plus n times n minus one times x squared all divided by two.
$(a+b)^n=a^n+na^{n-1}b+\frac{n(n-1)}{2}a^{n-2}b^2\cdots+b^n$	The quantity a plus b to the power of n equals a to the power of n plus n times a to the power of n minus one times b plus n times n minus one all divided by two times the quantity a to the power of n minus two times b squared down to b to the ^{n}th power.
$\int_0^{\frac{\pi}{2}}\frac{dx}{1+a}=\sum_{n=0}^{\infty}\left(\frac{n}{r}\right)^2$	The integral from zero to pi over two of dx over one plus a equals the sum from n equals zero to n equals infinity of the quantity n over r all at a time squared.
$x=\frac{b+\sqrt{b^2-4ac}}{2a}$	x equals b plus the root of b squared minus 4ac all divided by 2a.

化学公式有读名和顺读两种常见口译表达法,用读名法能表达更精确的专业含义,但是对非专业的译者来说,现场压力较大,顺读则更为简便。例如:

$SiO_2+2C\longrightarrow Si+2CO$

可读作:SIO two and two C react to form SI and two CO.

三、其他

(一) 单位词

英语一般不需要量词,数词可以直接加名词,如 a book, two boys,但是在需要使用量词时,英汉语都拥有各自特色的丰富量词,特别是临时名量词,如汉语的"一钩残月、一弯新月、一叶扁舟、一行白鹭",英语的"a cake of soap, a head of cabbage, a loaf of bread, an ear of corn, a flight of stairs",翻译的时候要注意表达的规范地道,这是量词翻译的难点和重点。同时,英汉量词也有各自的转换方式,需要注意量词体系的不同。量词的英文表达如表 4.10 所示。

表 4.10　量词的英文表达

一杯酒	a cup of wine
一壶茶	a jug of tea
一把种子	a handful of seed
一线希望	a ray/glimmer of hope
一张纸	a sheet/piece of paper
一束花	a bunch of flowers
一套工具	a set of tools
一滴血	a drop of blood
一束光线	a pencil of light
四车沙子	four lorryloads of sand
一阵掌声	a peal of applause
一群鲸鱼	a school of whales
一伙不良少年	a gang of hooligans
一群大象	a herd of elephants
一小杯伏特加	a shot of vodka
一层薄冰	a thin coat of ice
一连串的想法	a train of thoughts

（二）度量衡单位的转换

为了方便国际交流，特别是考虑到科技交流的严谨性，建议在翻译过程中使用括号标注公制（Metric System）。历史上曾经发生过因为计量单位的转换失误造成的飞行事故：1983 年，一架全新波音 767 客机在加拿大高空飞行过程中，所有引擎突然熄火，面临机毁人亡的危急时刻，在具有丰富滑翔机飞翔经验的机长操控下，这架载满乘客、燃油耗尽的波音 767 客机最终以滑翔机的飞行模式迫降在一个已经废弃的军用机场，也为该飞机赢得了“吉姆利滑翔机”的昵称。是什么造成了这次空中事故呢？调查发现，事故源于加油技工在加油过程中对公制和英制计量单位的计算转换错误。波音 767 使用的是公制燃油表，燃油按照公斤为单位进行计算，而加油技工在将加油车容积转换成质量时，却按照老传统，使用了磅为单位。该航班需要的是 22,300 公斤燃油，结果却只加了 22,300 磅燃油，导致飞行到高空中时，飞机燃油耗尽，发动机熄火，若不是机长的过硬技术，机毁人亡在所难免。

英语中主要的度量衡单位包括英制(Brit)和美制(US),如表 4.11 所示。

表 4.11 英语中主要的度量衡单位转换

质量(Weight)
1 short ton(美吨) = 2,000 pounds(磅) = 0.907 metric ton(公吨) 1 pound(磅) = 16 ounces(盎司) = 0.4536 kilogram(千克) 1 metric ton(公吨) = 1,000,000 grams(克) = 1.10 tons(美吨) 1 kilogram(千克) = 1,000 grams(克) = 2.20 pounds(磅)
长度(Length)
1 kilometer(千米) = 1,000 meters(米) = 0.62 mile(英里) 1 centimeter(厘米) = 0.01 meter(米) = 0.39 inch(英寸)
面积(Area)
1 square kilometer(平方千米) = 1,000,000 square meters(平方米) = 0.39 square mile(平方英里) 1 hectare(公顷) = 10,000 square meters(平方米) = 2.47 acres(英亩) 1 square meter(平方米) = 1.196 square yards(平方码) 1 cubic centimeter(立方厘米) = 0.000001 cubic meter(立方米) = 0.061 cubic inch(立方英寸)
容积(Capacity)
1 kiloliter(千升) = 1,000 liters(升) = 1.31 cubic yards(立方码) = 264.17 gallons(美制加仑) = 880.28 quarts(英制夸脱) 1 milliliter(毫升) = 0.061 cubic inch(立方英寸) = 0.034 fluid ounce(美制液盎司) = 0.035 fluid ounce(英制液盎司)

在温度计量中,中国一般使用摄氏度(℃),西方国家使用华氏度(℉),如进行相关科技产品说明书翻译时,需要进行转换。摄氏度和华氏度之间的换算关系为:华氏度 = 32 ℉ + 摄氏度×1.8,或摄氏度 = (华氏度 − 32 ℉) ÷ 1.8。

中英文中对应计量逻辑的表达:

例:这棵树大约 60 英尺高。

译文:The tree is about sixty feet high/ in height.

例:那只鸟长约 6 英寸,质量为四分之三盎司。

译文:The bird is about six inches long and weighs three quarters of an ounce.

例：这间房子 20 英尺长，15 英尺宽。

译文：The room measures twenty feet by fifteen.

（三）罗马数字

用于指示时间、编号、产品型号、奥运会等的届数；在家族人名中则表示不同代人名的区分。罗马计数法有 4 种基本符号：Ⅰ(1)、X(10)、C(100)、M(1,000)，和 3 种辅助符号：V(5)、L(50)、D(500)。

记数的方法如下：

相同数字并列时，所表示的数等于这些数字相加得到的数，如 Ⅲ = 3。

不同数字并列时，小的数字在大的数字的右边，所表示的数等于这些数字相加得到的数，如 Ⅷ = 8、Ⅻ = 12；小的数字（限于基本符号）在大的数字的左边，所表示的数等于大数减小数得到的数，如 Ⅳ = 4、Ⅸ = 9。

在上述 7 种符号的上方画一条横线，表示该罗马字母增值 1,000 倍，如 $\overline{\mathrm{V}}$ 代表 5,000。

（四）日期

年份应完全写出，不能简写。月份要用英文名称，一般不要用数字代替。因为美国的数字书写顺序一般为月/日/年，所以 2008 年 9 月 8 日可以翻译为 Sep. 8, 2008 或 09/08/2008，而英式英语中顺序是日/月/年，所以 09/08/2008 代表 2008 年 8 月 9 日。科技文献中，为了避免这一可能造成误解的差异，采用国际标准化组（ISO）建议，即全数字日期的书写顺序用年-月-日，即 2008-09-08。

月份名称多用公认的缩写式。但因为 May, June, July 较短，不可缩写。January（Jan.）, February（Feb.）, March（Mar.）, April（Apr.）, May, June, July, August（Aug.）, September（Sep.）, October（Oct.）, November（Nov.）, December（Dec.）；写日期时，可用基数词 1,2,3,4,5,……,28,29,30,31 等，也可用序数词 lst,2nd,3rd,4th,5th,……,28th,29th,30th,31st 等。

此外，还有美式英语中年份的前后加逗号的表达形式。

例：On July 2, 2020, a car accident happened.

但是英式英语（英国、澳大利亚和加拿大）则无需逗号。

例：On 2 July 2020 a car accident happened.

口译时，年份表达中的 hundred 可以省略，如：

例：1492

译文：fourteen ninety-two

例：2020

译文:twenty twenty

与日期有关的常见缩略如 B.C.(B.C.E.)公元前,A.D.(C.E.)公元后,一般置于数字年份的后面。如 the 4th century A.D.。

有关时段、年代的翻译,如:

例:这家公司已经营业 60 年了。

译文:The company has been in business for sixty years.

例:18 世纪

译文:the eighteenth century

例:30 年代

译文:the thirties

还有一些约定俗成的译法要注意,如 20 世纪 70 年代可以译为 the 1970s。

(五) 钱币

美国使用美元(dollar)作为货币单位,与更小的单位(分)的换算一般是 1∶100,如 1 美元等于 100 美分。美国美元(US dollar)的纸币(可称为 money, note, bill)发行面额有 $1, $2, $5, $20, $50, $100。硬币(coin)的发行面额有 ¢1(a penny), ¢5(a nickel), ¢10(a dime), ¢25(a quarter), ¢50(a half dollar)和 $1。$1 在非正式场合可称为 1 buck, $1,000 则俗称为 1 grand。

英国的通行货币单位为英镑(pound),俗称为 quid,而硬币发行的最小单位是便士 penny。1 pound = 100 pence。

在英译汉时,货币的表达一般在一元以上要加货币符号,不足一元要分写成文字,如 $30(30 美元),eighty five cents(85 美分)。

在翻译数字时有着约定俗成的规则:

① 英语句子尽量不要以数字开头,更不要以阿拉伯数字开头。如果出现在句首,要用单词拼写出来。

例:2,536 people visited the new product exhibition.

宜改为:Two thousand five hundred and thirty six people visited the new product exhibition.

例:据报道,此项目有 70%的利润。

译文:70% profit was reported in this project.

宜改为:Seventy percent profit was reported in this project.

② 单独翻译数字 1~9 时一般要用英文单词拼写出来,大于 9 则一般用阿拉伯数字表示。

例:这个由 30 人组成的小组每周进行三或四次实验,每次实验时间为 80~90

分钟。

译文：Thirty members of this group conduct the experiment together for 80 to 90 minutes each time，three or four times a week.

③ 较大的笼统数词或整数一般都使用单词拼写。

例：下月将有 1,000 台机器向非洲出口。

译文：A thousand machines will be exported to Africa next month.

当出现 million，billion，仅拼写这些单词，其他数字用阿拉伯数字表示，如：

例：Profits for the year exceeded ＄7 million.

译文：年利润超过 700 万美元。

④ 在口译中，表示钱、物体或人等实际数量的数字要使用单词，如 304 cars 读作 three hundred and four cars；＄1，500 译为 One thousand，five hundred dollars 或 fifteen hundred dollars。当数字代表的含义不是数量，而是如身份证、地址等代码时，则有多种译法，如 007 可读作 o o seven；double o seven；zero zero seven；double zero seven；123 可读作 one two three 或 one twenty-three；2020 可读作 twenty twenty 或者 two o two o。

⑤ 两个数字连续出现，小的数字译成文字，大的用数字。

例：请递给我 10 张 4 分的邮票。

译文：Please pass me 10 four-cent stamps.

数字在 3 以上时，都写成数字。

例：我们公司送去了 3 张分别为 5 台、8 台和 12 台新打字机的订单。

译文：Our company sent three orders for 5，8 and 12 new type-writers.

第二节　标 点 符 号

练习

国际会议审稿案例中的审稿意见“There are many typos and formatting issues in the paper as following，1. vision[13-15]->vision [13-15] 2. x ,xref , minD->x，xref，minD”指出的错在哪里？

一、中英文中均会出现的标点符号

标点一般被认为是翻译中的非译元素，但实际上中英文标点符号和用法均有差异,翻译时的规范用法需要注意。一般英文中的标点符号及其对应的中文标点主要有以下 13 种。

（一）逗号（Comma）

英文中逗号的作用和中文是一样的,表示分隔句子。逗号还适用于由 who 和 which 引导的定语从句。英文中的逗号还可用于隔开并列关系的单词和短语,如“cat, dog, and ox”。

逗号在英语中还可以用于数字中,表达三个数字一组中间的分隔。但是如果是街道地址号、页码或年代,则不用逗号分隔,如 2306 Sunset St., on page 2223, the event of 1998。

（二）句号（Period）

英文中句号的作用和中文一样。英文中简写符号和句号是同一个符号,比如 Mr.、Ms.、etc. 等。如果句号作为简写符号使用,那么这个简写词前后的符号可以照常标注,因为简写号并非句号,也不遵循句号的语法。如 Enterprise Co., Ltd 或 I invited Tom, Jerry, etc..(注意此处有 2 个点)。也可以省略,直接使用代表缩略的圆点表示句号。英国的出版物中常常将缩略点省略,如 Ms,Dr,etc,eg。

（三）冒号（Colon）

英文中冒号的作用和中文一样,是对前文进行进一步的解释说明,如果冒号后是一个完整句子,则该句首字母一般大写。英文的副标题一般不用破折号,而用冒号分隔主标题和副标题。

（四）分号（Semicolon）

英文中的分号一般连接两个分句,尤其当第二个分句开头是副词或短语时,如 however, for example, on the other hand, that it 等。分号和逗号有时是可以互相交替的,如:

Tom met me, and later he met Joan.

Tom met me; later he met Joan.

分号可用于分隔已含有逗号的并列短语,如:

It includes \$22 million in land, buildings, and equipment; \$34 million in stocks and bonds; and \$8 million in cash.

（五）引号（Quotation Mark）

英文中引号的作用和中文中一样,可用于引用。

此外，引号同时可以作为书名号，双引号可用于歌曲、诗歌、小说、散文及文章的名称前后。在英国书面语中，引用原话应该使用单引号，而话中话应该使用双引号。在美国，情况恰恰相反，即双引号中加单引号。如果后引号和一个标点符号（如句号或逗号）在一起，则无论所引用的语句在句子中是什么成分，这个标点都应该在引号内。如：

Anna said, "This is A cup."

Anna didn't mean the "cup," what she meant was the size of the bras.

英文中冒号或分号置于双引号外。问号和感叹号只为引语加标点时，放在双引号内，如果是整句标点，则置于双引号外。例如：

She called it her "little house in the country"; to us it looked like a palace.

"Has anyone seen Emily?"she asked.

What does he mean by "personal reasons"?

（六）省略号（Ellipsis）

英文中的省略号的作用和中文是一样的，表示省略。英文的省略号是 3 个点（...），位于行底；中文的为 6 个点（……），居于行中。

在美式英语中，如果省略号恰好在句尾，可以打 4 个点，最后一个为句号，如 And it flew further, and further, and further .... 末尾句号也经常会被省略。

省略号可以表达口语中的停顿和不完整句子，如 Are you ... are the two of you ... in love?

在公式中，省略号可以表达数字逻辑关系的延续，可以译为：down to。

（七）感叹号（Exclamation Point）

英文中感叹号的作用和用法和中文中是一样的，表示强烈的惊讶或者愤怒的情感。

（八）破折号（Dash）

英文中破折号的作用和中文中类似，通常表示解释或者转折和中断。

例：The marriage was annulled—that is, declared invalid.（表示解释）

例：They would remain loyal to the new ruler—or perhaps they wouldn't.（表示转折）

英文破折号还可以用作插入语。

例：So what we've seen now—and this is mostly legislative efforts in the US—is bills that mandate accuracy and nondiscrimination audits for facial-recognition systems.

译文:因此,我们现在看到的,主要是美国的立法努力,就是强制要求面部识别系统进行准确度和非歧视性审计的法案。

汉语中的破折号可以用于副标题之前,而英语中一般使用冒号分隔主、副标题。

关于破折号的两端是否应该加空格,不同的写作规范有不同的标准,如 *The Chicago Manual of Style* 和 *The Oxford Guide to Style*,都认为破折号不需要在两端加空格,而 *The New York Times Manual of Style and Usage* 等书则规定破折号两端要加空格。

(九) 连字符/连接号(Hyphen)

连接号比破折号短,连接号的两头不用空格,其功能也不同于破折号。

连接号可以构成复合词的字母和词语,表示它们的意思是相连的。如A-type, she-wolf, pork-chop, S-H-O-P, moth-eaten 等。连接号所连接的词一起通常被认为是一个词语。

连接号还可以连接一个长短语甚至一个句子,并作为形容词或者副词使用。在日常英语中,一般认为这种结构是非正式的。

例:Don't be all-my-life-sucks-and-everybody-hates-me, you are fine!

例:That I'm-good-at-nothing attitude isn't going to get you anywhere.

但由于连接号拥有强大的表达力,所以在科技英语中大量使用,如串珠结构可以译为 beads-on-a-string model;木质梁架结构译为 a timber-frame column-and-beam wooden structure。

连接号还可以用于数字拼写 如 forty-one years old。可以表示数字的"至,达到,包含",如 pages 11-12; Vacation dates are Dec. 20-Jan. 12。

表示至、和、比,如:

例:A New York-Paris flight.(至)

例:A final score of 7-2.(比)

连接号还可以用于表示单词的转行。

汉语中同样存在连接号,即短横线用来表达如表格、插图的编号,如"表 2-8";连接号码,如联系电话 0551-12345678;标注产品型号,如 JS-22-3。

(十) 问号(Question Mark)

英文中问号的作用和用法和中文中是一样的,用于直接疑问句后,但不用于间接疑问句之后。

（十一）括号(Brackets)

英文中的括号最常用的是圆括号(parenthesis)。当括号在句尾时，句尾符号应该打在括号之外。方括号一般称为 brackets 或 square brackets，一般用于括注，如 His letter of November 2 ends："By the way, did B[eaverbrook] mention it?"圆括号注释一般进行例证、解释和补充，也可以进行编号，如(1)、(2)。

（十二）斜线号(Slash)

英文中斜线号表示 or 或者 and/or 的意思。如 cat/dog(读作 cat slash dog)，man/woman/child(读作 man slash woman slash child)，s/he (读作 he or she)等。

当斜线号出现时，通常表示从中选一，或者所分开几项都适用于句中成分。

斜线号可用数字分隔，如日期 8/8/2019，长度 2/3 inches long。

斜线号可以表示 per(每)或 to(比)，例如 their price/earnings ratio，400 tons/year。

斜线号也可用作缩略词中，如 w/o 是 without，c/o 是 care of。

反斜线号 back slash(\)，一般用于计算机编写程序。

斜线号在中文中被称为分隔号，用于如诗歌接排时分隔诗行，如春眠不觉晓/处处闻啼鸟/夜来风雨声/花落知多少；分隔层级或类别，如我国行政区划分为省/市/县/乡(镇)/村(居委会)；表达"或"和"和"的关系，如女双组合杜婧/于洋。

（十三）下划线(Underline)

下划线在英文中可以标示作品名，或者表示强调。在中文中则被称为专名号，标注在文字下面，标示古籍、古籍引文或文史著作中出现的专有名词，如人名、地名、国名、民族名、朝代名、年号等。如：

孙坚人马被刘表率军围得水泄不通。

当时乌孙及西域各国都向汉派遣了使节。

从咸宁二年到太康十年。

作品名在中文中用书名号标注，强调则另外使用着重号，这些都是中文特有符号。

二、中文中特有的标点符号

中文特有符号主要包括：

(一) 顿号

顿号在中文中起分割句中并列成分的作用;英文中没有顿号,分割句中的并列成分多用逗号。如 She slowly, carefully, deliberately moved the box。中文也可使用逗号表示停顿,但一般指较长的停顿。

中文标有引号的并列成分之间、标有书名号的并列成分之间通常不用顿号,若插有其他成分,则使用顿号,请比较:

四大名著是《红楼梦》《三国演义》《水浒传》《西游记》。

四大名著是《红楼梦》(作者曹雪芹、高鹗)、《三国演义》(作者罗贯中)、《水浒传》(作者施耐庵)、《西游记》(作者吴承恩)。

序数词后用顿号,如一、。

(二) 书名号

书名号标示书名、卷名、报纸刊物、文件名等,如《光明日报》《红楼梦》,电影名《地雷战》,当书名号中套书名号时,里面一层用单书名号,外面一层用双书名号,如《教育部关于提请审议〈高等教育自学考试试行办法〉的报告》。

与中文使用书名号相比,英文没有书名号,书名、报刊名用斜体或者下划线或引号表示;英语中文章、诗歌、乐曲、电影、绘画等的名称和交通工具、航天器等的专有名词常用斜体来表示。

(三) 间隔号

汉语有间隔号,用在月份和日期、音译的名和姓等需要隔开的词语的正中间,如“一二・九”“3・15 消费者权益日”“奥黛丽・赫本”等,标示书名与章、卷分界,如《淮南子・本经训》,词牌、曲牌、诗体名与题名分界,如《沁园春・雪》。英语中没有汉语的间隔号,需要间隔时多用逗号。

(四) 着重号

中文中在文字下点实心点表示需要强调的词语,这些实心点就是着重号。英文中没有这一符号,需强调某些成分时可借助文字斜体、黑体、某些强调性词汇、特殊句型、标点停顿等多种方法。

英语也有自己特有的标点,如撇号 Apostrophe('),主要表示从属关系,即名词和代词的所有格,如 Shakespeare's plays / the boy's book;还可作数字、符号、字母或词形本身的复数,如 The teacher had only four A's in his class;缩略词中替代省略了字母、数字或单词,如 let's(= let us),I've(= I have)。

第五章　科技论文语言服务

学习目标

本章将结合实际论文案例，阐释科学论文结构与语言规范，以及相应的翻译技巧，了解不同专业科技类学术论文的主要语言表达特点。通过实例介绍论文投稿过程中，进行学术交流时的相关沟通内容与技巧。

第一节　国际学术论文的结构和内容安排

翻译硕士或者高年级翻译专业的学生并不要求发表学术论文，但是科技论文翻译，特别是论文的语言润色是现在语言服务业的一项重要内容。因此，首先来了解一下国际学术论文的结构和内容安排。

论文结构根据研究内容和学科的不同，会有所差异，一般来说实验性质的研究论文主要包括摘要、引言、实验方法、实验结果、实验讨论和小结（These components are traditionally used in science disciplines but not restricted to them. It is commonly used to report on research which is experimental in nature. The major components are abstract, introduction, methods, results, discussion and conclusion）。而在人文、教育、艺术等学科领域，一般研究都是理论思辨性质的，一般包括摘要、引言、正文和小结（The components are abstract, introduction chapter, body chapters, and concluding chapter. Each body chapter will include its own introductory section, definitions of terms, as well as its own conclusion）。每个部分都有其特定的撰写规范，在进行翻译或者语言服务的时候要遵循这些规范。

一、标题的要求

① 标题应长短适宜。太短则无法有效反映研究内容和精华，太长则啰嗦冗长，难以起到吸引读者和检索的目的。避免出现非常规性的缩略语，从研究对象、

研究方法和研究结果3个视角使用关键词凝练研究主要内容。避免模糊、抽象、空洞的表达,也不要因为语言的习惯差异,使用无效词如 Research on ..., Effect of ..., Influence of ...。

② 避免使用完整的句子或者从句。例如"A new frequency domain speech scrambling system which does not require frame synchronization",该标题包含从句,冗杂不适合作为标题;"How can you develop a good research paper"是一个问句,一般不用作学术论文的标题,因为其不利于检索。如需要用问句,可以使用疑问词加不定式的句式来处理,因此标题可改为"How to develop a good research paper"。

③ 大小写要规范。英语通常可以接受的大小写规范有3个版本:a. 大写首单词的首字母、专有名词;b. 大写所有单词首字母(除了5个字母以下的介词、连词等);c. 为了检索需要,大写所有的单词所有的字母(a. Capitalize the first letter of the initial word and all the proper nouns; b. Capitalize the first letter of every word in the title, except for the prepositions and conjunctions that consist of less than 5 letters; c. Capitalize every single letter in the title, and this method usually facilitates the retrieval process)。

④ 平行部分的语法结构应当对称。如"The design and preparing of a time machine"中的并列成分,一个是名词一个是动名词,语法结构不统一(the parallel parts in this title are not symmetrical)。我们可以将之改为同为名词的句子"The design and preparation of a time machine"或同为动名词的句子"The designing and preparing of a time machine"。

翻译案例解析

原标题:Self-care as a Mediator Between Social Support and Diabetic Glucose Control

译文1:自我关注可调节社会支持与糖尿病病人葡萄糖控制之间的关系

译文2:社会支持与糖尿病病人血糖控制关系中自我关注的调节作用研究

解析:译文1不符合中文习惯下的论文标题,更像是一个新闻标题;译文2加上了符合中文学术标题习惯的"的研究",而英文如果对应加上"a research of"就成为冗余表达,这是中英文互译中需要注意的语言差异。

二、摘要的规范

摘要是论文的精华,从语言上看,需要字字珠玑,不能使用空洞无意义的陈词滥调，如“... are described”或“... will be presented”。从结构上，一般包括：研究的意义（Explain why your work is important — set the context and pre-empt the question “So what?”）；研究目的（Describe the objective(s) of your work. What are you adding to current knowledge）；研究方法（Briefly explain the methods. Unless the research is about methods, this should not be a major focus of your abstract or your poster）；研究结论（Succinctly state results, conclusions, and recommendations. This is what most people want to know）。

摘要的格式也有例外，如医学期刊可能以专业固定结构撰写，包含内容如Purpose, Design, Methods, Results, Conclusion, Significance 等。一些化学期刊则要求用图表式，包含了反应方程、化学和材料结构图等。

翻译案例

案例 1

原文：**Recent scientific work demonstrates** a positive association between social support and health; **empirical evidence consistently shows** higher mortality rates for persons with fewer social relationships. Despite this evidence, the quality of social support on health outcomes **remains largely unexplored. The present study addresses this gap in the literature by examining** positive and negative aspects of diabetes-specific social support as it relates to glucose control among 115 young adults with Type 1 diabetes. **This study further examines** self-care as an explanatory variable in this relation. **Results indicate that** increased negative social support reliably predicts worse glucose control and that this relation is mediated by self-care. This pattern of results was marginal for total social support and insignificant for positive social support.

译文：**近期研究表明**社会支持与个人健康之间有正相关关系。**实验数据证明**社会关系越少死亡率较高，**然而**对社会支持性质对健康状况影响的**研究匮乏/不足**。本文**填补了这一空白，研究**面向糖尿病人社会支持的正负影响因素与115名患有1型糖尿病的青年人血糖控制状态的相关关系。**本研究还探讨了**自我调节在此相关关系中的解释变量作用。**研究结果表明**负面社会支持的增强将导致血糖控制状态恶化，但这种关联性可通过自我关注予以调节。相较于社会支持的总体影响力，自我关注的调节作用不明显，而正面社会支持与血糖控制效果的相关关系也不显著。

案例 2

原文：**已有的**非平衡数据分类算法**主要**采取直接对损失函数进行加权的方法。

文中提出了一种加权边缘的损失函数**并证明**其贝叶斯一致性,还得到了加权边缘支持向量机算法(简称 WMSVM),并给出了类似于 SMO 的求解方法。**实验结果表明**,WMSVM 在一些数据库上是有效的,**从而从理论和实验上说明**基于加权边缘的损失函数方法是已有代价敏感方法的**一种较好补充**。

译文:**Almost all the available** algorithms deal with the imbalanced problems by directly weighting the loss functions. **In this paper**, a loss by weighting the margin in hinge function **is proposed** and its Bayesian consistency **is proved**. Furthermore, a learning algorithm, called Weighting Margin SVM (WMSVM), is obtained and SMO can be modified to solve WMSVM. **Experimental results** on certain benchmark datasets demonstrate the effectiveness of WMSVM. **Both of the theoretical and experimental analysis indicate that** the proposed weighted margin loss function method **enriches** the cost-sensitive learning.

案例 3

原文:多标记学习主要用于解决单个样本同时属于多个类别的问题。**传统**标记学习**通常**假设训练数据集含有大量有标记的训练样本。**然而**在许多实际问题中,大量训练样本中通常只有少量有标记的训练样本。**为了更好地**利用丰富的未标记训练样本以提高分类性能,提出了一种基于正则化的归纳式半监督多标记学习方法——MASS。具体而言,MASS 首先在最小化经验风险的基础上,引入两种正则项分别用于约束分类器的复杂度及要求相似样本拥有相似结构化多标记输出,然后通过交替优化技术给出快速解法。在网页分类和基因功能分析问题上的**实验结果验证了** MASS 方法的**有效性**。

译文: Multi-label learning **is proposed to deal with** examples which are associating with multiple class labels simultaneously. **Previous** multi-label studies **usually** assume that large amounts of labeled training examples are available to obtain good performance. **However**, in many real world applications, labeled examples are few and amounts of unlabeled examples are readily available. **In order to exploit** the abundant unlabeled examples to help improve the generalization performance, we propose a novel regularized inductive semi-supervised multi-label method named MASS. Specifically, aside from minimizing the empirical risk, MASS employs two regularizers to constrain the final decision function. One is to characterize the classifier's complexity with consideration of label relatedness, and the other requires that similar examples share with similar structural multi-label outputs. And an efficient alternating optimization algorithm is provided to achieve its global optimal solution.

Comprehensive experimental results on two real-world data sets, i.e., webpage categorization and gene functional analysis with varied numbers of labeled examples, **demonstrate the effectiveness of the proposal**.

翻译练习

对比以上三篇案例摘要的句型，撰写一篇摘要模板。

三、论文的基本结构及其解决的基本问题

1. 引言：做什么？为什么做？（Introduction：What did I set out to do and why?）

引言部分的作用是介绍论文研究问题及文献综述，阐释论文研究与前人研究的差异、研究动因和目的，介绍论文基本结构。一般引言由研究主题介绍、文献综述、研究问题组成。

2. 研究材料和方法：如何做？（Materials and Methods：How did I do it?）

材料和方法一节阐释解决研究问题、论证研究假设的具体过程，例如介绍使用了什么方法、材料、素材（实验对象）、理论框架，如何实施研究，按照实验的流程依顺序介绍研究步骤、计算过程。详细描述实验方法和过程的一个重要功能是供其他研究者重复实验过程。

3. 结果：得出什么结果？（Results：What did I learn?）

4. 讨论和结论：结果的意义，与已知信息有何关联？（Discussion and Conclusions：What does it mean and how does it relate to what else is known?）

结果、讨论和结论撰写各有其侧重：① 结果部分综述重要的研究发现，既可以使用语言描述，也可以使用图（figure）和表（table）的方式来呈现。这个部分列举的研究发现一般是对研究问题的直接解答，不是所有的研究发现都列举在这个部分。② 讨论部分解释研究结果产生的原因、效果和启示。在此部分，可以对实验结果逐一进行阐释，如其与前人研究的对比分析。与前一阶段的结果部分的事实列举为主的特征相比，讨论部分是由观点驱动的，即这是阐释作者的研究观点的部分。③ 结论部分对全文进行总结，帮助读者重新梳理研究的重要内容，如研究问题、研究方法、研究重要发现。在这个部分还可以对研究问题直接解答之外的研究发现进行描述和阐释，最后则是对研究意义进行理论、方法或者应用上的阐述并进行未来研究计划和展望。

5. 参考文献(References)

现在一般都有系统工具以辅助参考文献部分的编辑，如 LaTex。参考文献根据期刊模板命名和规范。以命名为例，参考文献可以是 References，或者是 Bibliography 和 Works Cited，这些术语使用也不是随机任意的，例如 References 所引用的文献是直接文献，而 Bibliography 则包括范围更广，任何被认为对研究有贡献的文献，均可以被列入。文献的标注规范也有一些约定俗成的规范，例如 APA 格式（American Psychological Association）和 MLA 格式（Modern Language Association）。前者一般用于社会和自然科学学科论文，而后者一般用于人文学科。

第二节　科技类学术论文的语言特点

"Vigorous writing is concise. A sentence should contain no unnecessary words, a paragraph no unnecessary sentences, for the same reason that a drawing should have no unnecessary lines and a machine no unnecessary parts. This requires not that the writer make all his sentences short, or that he avoid all detail and treat his subjects only in outline, but that every word tell."

— *The Elements of Style*

科研论文的风格是正式的、客观的、科学的，因此一般认为科研论文的语言不具有太多的个人风格，文风简洁明晰。关于正式和客观的风格在语言上的体现，前几章也有相关阐述：① 在词汇层面，曾提到科技文体较少使用第一、第二人称；避免使用如 can't, don't, I'll, sth., esp. 等缩写方式，改用全称如 cannot, do not, I shall, something 和 especially；一般不使用俚语、俗语和时髦流行语；使用更加正式精确的词汇，如较少使用 do an experiment，而使用如 make, conduct, perform, carry out, undertake 等动词；使用单个动词会比动词词组更加简单正式，如 emit 和 give off 相比，前者更加正式；我们还从词源角度比较了拉丁词汇比日耳曼词汇的正式程度。② 在句法层面，主要介绍了正式科技文体的语法特征和翻译技巧，较少使用主观论断的表述方式，如 I think, I believe；还介绍了名词化的使用可以使句式更加正式；在时态上较多使用一般现在时，也交叉使用如过去时和完成时表述已经完成的工作；适量使用被动语态以表示客观，但要避免反复使用使得文风晦涩。

本节主要依托科技论文的案例分析，进一步聚焦科技论文中语言的特点；这里科技论文语言特点的阐释的特别之处在于：基于当前学术界审稿人和活跃的国际学者的经验和建议，将提供很有实际指导意义的科技论文翻译和语言润色的实用技巧。

一、规则1：简洁

> The secret of good writing is to strip every sentence to its cleanest components. Every word that serves no function, every long word that could be a short word, every adverb that carries the same meaning that's already in the verb, every passive construction that leaves the reader unsure of who is doing what—these are the thousand and one adulterants that weaken the strength of a sentence. And they usually occur in proportion to the education and rank.
>
> — *On Writing Well*

在论文中，常常见到一些的冗长表达，如 It is noteworthy that in this example ..., As it is well known ..., As it has been shown ..., It can be regarded that ..., It should be emphasized that ... 等。这些冗长表达在英文中被称作“朽木”(dead wood/dead-weight phrase/clutter)和浮夸的铺垫词(padding)，即没有实际意义的词汇。教学中，很多学生特别喜欢使用一些长词组表达，误以为这样会比较正式(或者因为英语水平考试中写作部分对字数的要求，形成了词越多越好的认知)。

表5.1对比了一些冗长表达和相对简洁的表达。

表5.1 繁冗与简洁表达对比

冗长表达	简洁表达
A majority of	Most
A number of	Many
Are of the same opinion	Agree
All three of the	The three

续表

冗长表达	简洁表达
Give rise to	Cause
Due to the fact that	Because
Have an effect on	Affect
In a hasty manner	Hastily
This is a subject that	This subject
His story is a strange one	His story is strange
The reason why … is that	Because
The question as to whether	Whether/the question whether
There is no doubt that	No doubt/doubtless
His cousin, who is a member of the same firm	His cousin, a member of the same firm
The fact that he had not succeed	His failure
The fact that I had arrived	My arrival
Owing to the fact that	Since/because
In spite of the fact that	Though/although
Call your attention to the fact that	Remind you/notify you
I was unaware of the fact that	I was unaware that/ did not know
At the present moment	Now
Assuming that	If
In order to	To
Until such time as	Until
Has no	Lacks
Provide a review of	Review
Offer confirmation of	Confirm
Make a decision	Decide
Show a peak	Peak
Provide a description of	Describe
Acts of hostile nature	Hostile acts

对比练习

以下是一些实际科技论文实例，请对比繁冗和简洁的表达方式。

繁：Brain injury incidence **shows two peak periods** in almost all reports: rates are the highest in young people and the elderly.

简：Brain injury incidence peaks in the young and the elderly.

繁：**It has been found that** most people consider buying a house the largest purchase they can ever make.

简：Most people consider buying a house the largest purchase they can ever make.

繁：The man began to behave **strangely and in odd ways** after he started taking the drug.

简：The man began to behavc strangely after he started taking the drug.

繁：Chemistry majors are **generally a very creative and highly energetic group**.

简：Chemistry majors are creative and energetic.

繁：**The aim of** this paper is to provide **an overview of the basic principles of** quantum physics.

简：This paper provides an overview of quantum physics.

繁：**One example of** laser interferometry **in action is it** can be used **for the measurement of** the drift of a micro cantilever over time.

简：For example, laser interferometry can be used to measure the drift of a micro cantilever over time.

繁：Many women with BRCA mutations **take prophylactic steps towards reducing their risk of ever getting the cancer** because early detection is not perfect.

简：Many women with BRCA mutations opt for prophylaxis, because early detection is imperfect.

繁：**Finally, it may be argued that**, with fuller charts than the Daily Weather Reports and better forecasting, much better results **might be** obtained, **and while this is to a certain extent true, it is feared that** the improvement **would not** be great.

简：More complete weather reports and better forecasting might improve results by only a small amount.

繁:Anti-inflammatory drugs **may be protective for the occurrence** of Alzheimer's Disease.

简:Anti-inflammatory drugs protect against Alzheimer's Disease.

繁:Clinical seizures **have been estimated to** occur in 0.5% to 2.3% of the **neonatal population**.

简:Clinical seizures occur in 0.5% to 2.3% of newborns.

繁:Ultimately p53 **guards not only against** malignant transformation **but also plays a role in** developmental processes as diverse as aging, differentiation, and fertility.

简:Besides preventing cancer, p53 also plays roles in aging, differentiation, and fertility.

繁:Injuries to the brain and spinal cord **have long been known to** be among the most devastating and expensive **of all injuries to treat medically**.

简:Injuries to the brain and spinal cord are among the most devastating and expensive.

繁:**An IQ test measures an individual's abilities to perform functions that usually fall in the domains of** verbal communication, reasoning, and **performance on tasks that represent** motor and spatial capabilities.

简:An IQ test measures an individual's verbal, reasoning, or motor and spatial capabilities.

繁:**As we can see from** Figure 2, **if** the return kinetic energy is less than 3.2 Up, **there will be** two electron trajectories associated with this kinetic energy.

简:Figure 2 shows that a return kinetic energy less than 3.2 Up yields two electron trajectories.

繁:The expected prevalence of mental retardation, **based on the assumption that** intelligence is normally distributed, is about 2.5%.

简:The expected prevalence of mental retardation, if intelligence is normally distributed, is 2.5%.

二、规则2:直接

① 避免滥用被动语态,因为它会让句式晦涩拗口,比较以下例句,例2和例3就相对例1更加流畅地道。

例1:It is thought that the excellent results obtained with this instrument were greatly facilitated by the care that was taken to calibrate it with model X7.

例 2：We think that careful calibration of this instrument with model X7 was largely responsible for the excellent results we obtained.

例 3：The excellent results we obtained were largely due to careful calibration of this instrument with model X7.

与传统教科书中所认为的避免使用第一人称以保持客观的观点不同，在科技论文中，第一人称可以大量使用，例如与“the research was conducted”相比，“we conducted the research”更直接简洁。

② 为了表达直接，还要尽量避免使用 there be 句式。

对比练习

以下是一些实际科技论文句子案例，请比较繁冗和简洁的表达方式。

繁：**There are** many studies that have shown that Lactobacillus species may have protective and antimicrobial properties.

简：Many studies have shown that Lactobacillus species may have protective and antimicrobial properties.

繁：**There are** many ways in which we can arrange the pulleys.

简：We can arrange the pulleys in many ways.

繁：**There was** a long line of bacteria on the plate.

简：Bacteria lined the plate.

繁：**There are** many physicists who like to write.

简：Many physicists like to write.

繁：The data confirm that **there is** an association between vegetables and cancer.

简：The data confirm an association between vegetables and cancer.

三、规则 3：避免名词化的滥用

尽量使用动词，避免使用繁冗的名词堆砌。

繁：**Dysregulation** of physiologic microRNA (miR) activity has been shown to play an important role in tumor **initiation** and **progression**, including gliomagenesis. Therefore, molecular species that can regulate miR activity on their target RNAs without affecting the **expression** of relevant mature miRs may play equally relevant roles in cancer.

解析:这个例句中使用了名处名词化。前文中曾提到,使用名词化可以提升文章的正式程度,但是也可能造成文献隐晦、语焉不详的感觉,从而会降低读者的阅读速度,这显然是不符合科技交流顺畅目标的。此外这句话中还存在滥用被动以及主谓语间隔过长的情况,如黑体字标示部分,这些都会造成读者理解困难。从不滥用名词化、被动和缩短主谓间隔入手,为提升阅读效率,这句话可以精简如下。

简:Changes in microRNA expression play a role in cancer, including glioma. Therefore, events that disrupt microRNAs from binding to their target RNAs may also promote cancer.

四、规则4:避免陈词滥调、俗语习语或不规范缩略语

一般对于缩略语的处理,可以在首次出现时括号加注,下文直接使用缩略语。而对于专业内的"行话",即约定俗成的缩略语,则可以直接使用,缩减文章篇幅,简洁明了,如SVM(Support Vector Machine,支持向量机)。但是滥用非通用缩略语会造成文章的晦涩难懂,是论文的重大缺陷。下面是2021年计算机领域高水平会议上一篇投稿审稿意见中的一段:

[**Weaknesses**] What are the weaknesses of the paper? Clearly explain why these aspects of the paper are weak. Please make the comments very concrete based on facts (e.g. list relevant citations if you feel the ideas are not novel).

[**Unclear explanation**] In the abstract, the author mentioned 'MOS', 'DBQA' but didn't give any explanation about why this happens. This also happens in the introduction such as 'BIQA'. Too many abbreviations without detailed explanation and reference, which makes it difficult to understand the paper to some extent.

该审稿人将"缩略所指不清晰、不规范"放在了文章审稿意见的第一条,可见这是一项非常影响论文质量和审稿人评审结果的负面因素。

五、规则5:避免否定句的滥用

规避否定表达其实与上一条规则一致,就是提倡直接的表达方式。否定与肯定的表达方式对比如表5.2所示。

表 5.2　否定与肯定的表达方式对比

否定表达	肯定表达
She was not often right.	She was usually wrong.
She did not want to perform the experiment incorrectly.	She wanted to perform the experiment correctly.
They did not believe the drug was harmful.	They believed the drug was safe.
Not honest	Dishonest
Not harmful	Safe
Not important	Unimportant/trifling
Does not have	Lacks
Did not remember	Forgot
Did not succeed	Failed
Did not pay attention to	Ignored
Did not have much confidence in	Distrusted
She was not a good student.	She was a poor student.
She could not remember where she put her keys.	She forgot where she put her keys.

六、规则 6:使用精确(Specific)、准确(Exact)的动词

例:Loud music **came from** speakers embedded in the walls, and the entire arena moved as the hungry crowd got to its feet.

宜改为:Loud music **exploded** from speakers embedded in the walls, and the entire arena shook as the hungry crowd leaped to its feet.

解析:上述第二种表述中动词使用更加精确和生动,表意更强。

例:The WHO **reports** that **approximately** two-thirds of the world's diabetics are found in developing countries, and **estimates** that the number of diabetics in these countries will double **in the next** 25 **years**.

解析:这句话中,reports approximately 是动词加副词式表达,可以考虑使用一个精确的动词来替代,如 estimate。同理,estimates sth. in the future 也可以考虑用动词如 projects 来替换 estimates。

七、规则7:克服文化差异,避免使用空洞、主观、无科学意义的词

应避免使用如 meaningful,very,quite,significant,obvious 等词,而改用更加具体的、客观的、科学的描述。

例:他的贡献具有重要意义。

译文:His contribution was a meaningful one.

宜改为:His contribution counted heavily.

例:我们正在对课程进行有意义的改变。

译文:We are instituting many meaningful changes in the curriculum.

宜改为:We are improving the curriculum in many ways.

例:大量实验表明……

译文:Extensive experiments show ...

宜改为:Experiments show ...(是否为"大量实验"应该由读者进行判断,而不是直接在句中指明)

八、规则8:时态的选择和一致性

在描述实验过程时,由于是发生在过去,所以一般使用过去时,如 Velocity was measured with ...;对客观事实的阐释一般使用现在时,如 Velocity is difficult to measure precisely ...;In the MCC, maximum velocity coincides with ...;讲述图表内容时,一般用现在时;计算的结果和统计分析结果一般用现在时;对未来研究的展望一般使用将来时,如 Modeling this velocity structure will require ...。但是在实际应用中需要根据上下文灵活运用,下面几则例子就来自于一篇高水平计算机学科论文,请分析其时态应用。

例:The paper is organized as follows. We first introduce the notation and cast the $\ell_{1,\infty}$-norm ball projection as a solving problem of semismooth equations in Section 2. We then gain from a proper use of the special structure of the Jacobian matrix and propose the semismooth Newton method in Section 3. The characteristics of Newton iterations are formally analysed and as a by-product an equivalent algorithm is guaranteed to converge in a finite number of iterations in Section 4. The experimental results are reported in Section 5, after which the conclusion is given in Section 6.

解析:这一部分为引言,使用了一般现在时。

例:We substitute $\sim \mu_i(\theta)$ into the equality constraint of (7), and then obtain a univariate equation for θ.

解析:该句描述了实验过程,为一般现在时。

例:Figure 2. Time versus data dimensions and tasks. The left figure displays the result for varying dimensions and fixed tasks $m = 1,000$. The right figure displays the result for varying tasks and fixed dimensions $d = 1,000$.

解析:这一部分讲述了图表内容,为一般现在时。

例:We proposed an efficient semismooth Newton algorithm for projection onto $\ell_{1,\infty}$-norm ball and obtained an equivalent variant by using LU decomposition to exploit the structural information of the Jacobian matrix.

解析:这一部分为总结,采用了过去时。

九、规则 9:避免出现拼写、大小写、标点等机械错误

一般来说,学术期刊不再因为语言的错误而驳回稿件,但是此类错误是作者态度不严谨、写作能力有缺憾的表现,会让审稿人对稿件额外挑剔,这一点在第四章中有详细介绍。

十、规则 10:避免学术不端

抄袭、自抄袭和一稿多投(Plagiarism, Self-plagiarism and Dual publication)都属于学术不端行为,因为它们违背了道德伦理。任何盗用他人观点、文字、图表的行为都属于抄袭行为,如果抄袭的对象是作者本人之前的作品,则属于自抄袭。一稿多投、一稿多发同样也属于学术不端。

十一、规则 11:避免主谓不一致

中国学者受母语影响,此类错误非常常见,特别应注意主谓一致的问题。

例:The practical characteristic of "being responsive and sensitive" between architects and structural engineers **are** specifically elaborated on.

解析:这句话谓语动词使用了"are",很显然是受到其前面名词"engineers"复数形式的影响,实际上这句话的主语是 characteristic,第三人称单数需要使用一致的谓语 be 动词"is"。

十二、规则 12:避免代名词的滥用

常见的英语使用错误还包括代名词的大量使用。实际上由于高低语境文化的差异,代名词的使用常常会造成所指不明,句意不明确。

例:The crude sample was dissolved in water and extracted with organic solvent. **It** was then evaporated to yield the product.

解析:这里的 it 所指不明,无法确定是指 organic layer 还是 water layer。因此有歧义时要避免使用代名词。

宜改为:The crude sample was dissolved in water and extracted with organic solvent. The organic layer was then evaporated to yield the product.

翻译案例解析

下面我们对案例进行分析,来综合说明以上规则。

例:**This paper provides a review of** the basic tenets of cancer biology study design, **using as examples studies that illustrate** the **methodologic** challenges or that **demonstrate successful solutions** to the difficulties inherent in biological research.

解析:Provides a review of, using as examples studies that illustrate 就属于冗长表述;basic tenets 属于重复表达,因为 basic 的意思已经包含在 tenet 之中;the **methodologic** challenges 研究已经包含在 study design 之中;successful solution 中的 solution 已经包含了成功的含义,这些都属于重复表达。

宜改为: This paper reviews cancer biology study design, using examples that illustrate specific challenges and solutions.

例:**As it is well known**, increased athletic activity **has been related to** a **profile** of lower cardiovascular risk, lower blood **pressure levels**, and improved **muscular and cardio-respiratory performance**.

解析:例句中 As it is well known 属于冗长表达,没有必要;has been related to 属于古着词,与时代脱节,可以换成更现代的话语,如 is associated with;profile 这个词很"虚"(empty word),在句中没有承载任何含义;同理,pressure levels 中的 levels 也属于没有任何实际意义的词。muscular and cardio-respiratory performance 一词看起来很专业,但实际上可以用一个更准确简单的专业术语 fitness 进行替换。

宜改为: Increased athletic activity is associated with lower cardiovascular risk, lower blood pressure, and improved fitness.

最后有一点需注意:学术界的语言润色服务并不属于学术不端,实际上很多顶级期刊会建议母语非英语的作者使用论文润色服务,很多出版社和学会组织也提供有偿的语言服务业务。

第三节 论文投稿与交流

我们先来看一封投稿信函:

Dear Sir,

We (Mr. Rosen and I) had sent you our manuscript for publication and had not authorized you to show it to specialists before it is printed. I see no reason to address the—in any case erroneous—comments of your anonymous expert. On the basis of this incident I prefer to publish the paper elsewhere.

Respectfully,

×××

这是一封"霸气十足"的信函,作者认为稿件本不应送审,直接刊发,结果由于论文在送审后被指出了修改建议和意见,作者非常恼火,要求撤稿改投他处。这封信的作者就是爱因斯坦,作为学术界的"大牛",他也无法规避论文被同行评审的投稿流程。虽然开始时他拒绝修改,但后来他也认可了审稿意见,认识到自己稿件中的问题,重新修改后另投他刊。

作为语言服务者,学术论文交流过程中比较重要的语言服务内容包括:① 了解国际期刊同行审议流程内容,能辅助论文的投稿过程;② 评审意见返回后,能协助作者从语言和文化等多方面以合适的方式撰写回复,其中 response 适用于期刊,rebuttal 适用于国际会议论文。因二者的撰写内容基本一致,所以放在此处一并讲解,区别在于后者有着严苛的字符数量限制,需更精炼。

一般来说,审稿周期是一个漫长的过程,完成论文撰写投稿后,期刊会分配审稿人(reviewers),之后便是一般 3 个月左右的审稿期,这期间的审稿流程如图 5.1 所示。

现在的论文一般都采用网上投稿系统进行投稿和审稿,传统的一些交流方式,如写投稿信(即 cover letter)已较少使用。若需通过邮箱投递,一般会在邮件正文中说明投稿需求,基本模板为:We would like to submit the enclosed manuscript

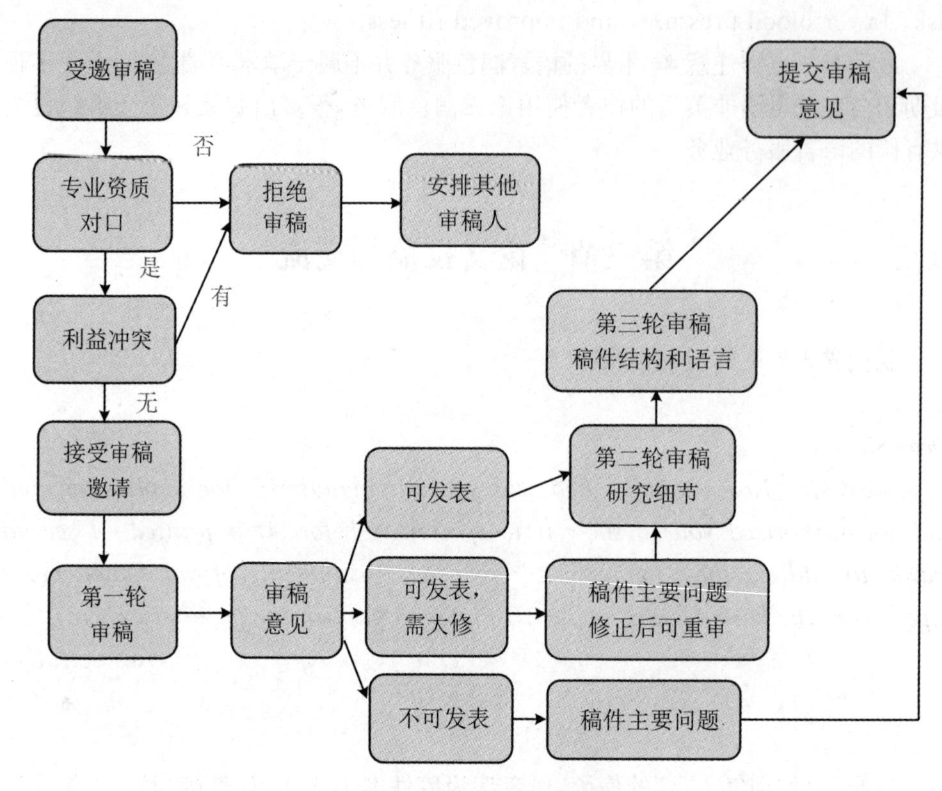

图 5.1　同行评审流程图

entitled“×××”, which we wish to be considered for publication in“×××”...

审稿申请过程中,作者可以从客观公正的视角,去申请自己推荐的审稿人和希望规避的审稿人。图 5.2 展示了 2 项推荐审稿人对审稿结果的影响研究,证明了选择作者推荐的审稿人有更高的接受率和更低的拒稿率。

作者推荐审稿人的另一优点是,即使期刊编辑不会采纳意见,也对可能存在研究的利益关系有所了解,对后期处理可能存在不公的审稿结果,有了一定把控,从而为作者争取了申诉的机会。同行评审制度能有效减少错误、不相干信息、未论证的推论,虽然依然可能存在审稿人的主观判断等因素,但依然是目前最科学的审稿体系。

完成审稿流程,作者会收到审稿意见,一般包括:接受(即 accept without revision,较少出现,一般稿件都需要修改),拒稿(即 reject,稿件质量较差或者方向与办刊意旨不符,如果是未送审即拒稿则是因为研究方向不适用该期刊),大修(即 major revision,有重大问题需要重新分析和写作)和小修(即 minor revision,没有严重问题,但是一些细节谬误仍需完善)。近年来,一些期刊不再使用大修、小修的审稿意见，而用拒稿重投（即 reject & resubmit）审稿意见，其意见相当于大修、小修。不同审稿意见之间的界限并不是绝对分明的，所以真正决定最终录用结果的是稿件修改的质量和对修改内容的小结。

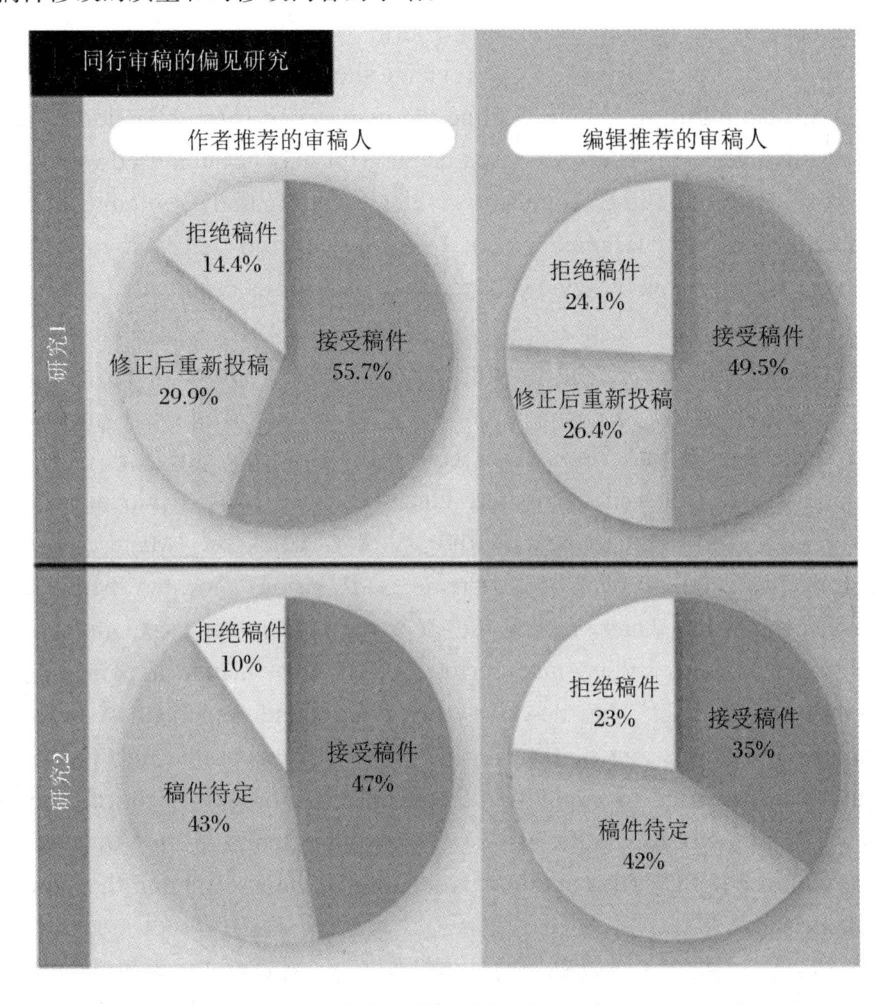

图 5.2　推荐审稿人对审稿结果的影响

（注：应谨慎选择同行审稿人。作者推荐的审稿人比编辑推荐的审稿人更倾向于接受稿件，拒稿率相对较低。）

下面我们来看一封真实的审稿建议（涉及作者隐私和论文细节部分已删除，保留了对语言等的相关评价）。

Dear Mr. ×××:

Manuscript ID ××× entitled "×××" which you submitted to the IEEE Transactions on ×××, has been reviewed. The comments from reviewer(s) are included at the bottom of this email/letter.

In view of the criticisms in the reviews and based on the recommendation of the Associate Editor, I must decline the manuscript for publication in the ××× at this time. However, a revised manuscript may be submitted which takes into consideration these comments. Please note that resubmitting your manuscript does not guarantee eventual acceptance, and that your revision will be subject to re-review by reviewers before a decision is rendered.

解析:虽然由主编联系作者,但实际上给出审稿建议的人是副主编。信中虽然用婉拒(即 decline)一词表达拒绝,但也给出了重投(即 resubmit)的机会。

Please follow the following procedures for resubmitting your manuscript. First, revise your manuscript using a word processing program (e.g., LaTex or Word) and save it on your computer. Once you have revised your manuscript, go to ××× and login to your Author Center. Click on "Manuscripts with Decisions," and then click on "Create a Revision" located next to the manuscript number. Then, follow the steps for resubmitting your manuscript. In addition to your revised manuscript, please also include a point-by-point "Summary of Changes" that describes the changes and explains how individual comments and suggestions of the Reviewers were incorporated into the revised manuscript. In order to expedite (speed up) the processing of the revised manuscript, please be as specific as possible in your response to the Reviewer(s). Please submit one PDF file containing your revised manuscript and the Summary of Changes.

解析:这一段给出了重投稿件的具体操作流程,例如对文档编辑软件的要求(使用 LaTex 或者 Word);重新提交的稿件,要在作者中心里重新投稿,还需特别撰写一个详细的修改小结(Summary of Changes),阐释作者如何针对审稿人的审稿意见进行了修改。另需提交一个包括了修改稿和修改小结的 PDF 格式文档。

* * * Please submit your manuscript in singled-spaced, double column, standard IEEE published format.

See author instructions at http://cis.ieee.org/.

解析:以上是对稿件提交的一些具体格式要求,例如单倍行距、双栏等,并给出了包含期刊的特别格式要求的指南网址。

* * * Please observe the following page limits: 10 pages for a full paper, 15 pages for a survey paper, 6 pages for a brief paper, and 3 pages for a comment paper, to avoid overlength page charges. Also note that we only accept PDF files.

解析:对于国际期刊,不同页码的论文会被冠以不同名称,例如 10 页的论文称作 full paper, 15 页是 survey paper,6 页是 brief paper, 3 页是 comment paper。超过的部分需要额外收取费用。

Because we are trying to facilitate timely publication of manuscripts submitted to the IEEE Transactions on ×××, your revised manuscript should be uploaded within 3 months of today's date. If more time is absolutely necessary, please contact us.

解析:修改时长为 3 个月,如果需要更多修改时间,则需要先联系期刊。

* * VERY IMPORTANT * *

When you submit your revised paper, please make sure that you remove all old files related to this paper so that the ××× editorial office and our Reviewers will only see the newest edition of your manuscript. It has happened a few times before that Reviewers got confused about the revised paper and the old paper since both of them were in the system. One single PDF file containing your revised paper and a list of summary of changes is what we need. All other files should be removed from your author's account. Please do not submit WORD files.

Thank you for your submission to the IEEE Transactions on ×××. We look forward to your revision and to your future papers submitted for possible publication in the Transactions.

解析:这里还是对投稿的具体要求,即需要及时删除之前投稿的旧版本,防止审稿人重审错误版本稿件。

Sincerely,

×××

Editor-in-Chief

Recommended Decision by Associate Editor: **Reject & Resubmit**

解析: 这里的审稿意见是拒绝接收,但可以修改后重新投稿。

Comments to Author(s) by Associate Editor:

Associate Editor

Comments to the Author:

The idea of ××× appears to be novel. The paper is well written and contains enough original work. The comments of the reviewers are quite deep and extensive, and need to be addressed in detail. I believe that the paper should be able to meet the bar, once it addresses all comments.

The authors need to consider ×××.

Individual Reviews:

Reviewer(s)' Comments to Author(s):

解析:副主编对审稿人的审稿意见进行了综合,认为该研究是有创新性的(注意,在科技文献中的"创新、有新意的"常常使用 novel 一词),审稿人认为审稿意见全面且见解颇深,应对列出的问题认真修改,以达到发表标准。

审稿人 1

Comments to the Author

The paper proposed ×××. The algorithm is new and interesting.

The following comments should be considered: ...

解析:审稿人 1 认为研究新颖有趣,但是需要进行系列修改。

审稿人 2

Comments to the Author

* Summary of the manuscript: ...

* Scope: The paper is presented as a full paper, which is fair given the novelty of the contribution. As the paper is still under the page limit of 15 pages, I would recommend extending and clarifying the proofs a bit.

* References: The manuscript does a good job in terms of references. I do not have an outstanding reference to recommend at this point.

Overall, I lean towards accepting the paper mainly due to an interesting contribution described in section 3, which derives an efficient ×××. The main concerns are with the clarity and the experimental evaluation, which I believe could be addressed as a minor revision.

解析:审稿人 2 认为论文需要进一步拓展和对证据进行更多阐释。他认为研究很有趣,只需要稍加修改,增加阐释即可通过。

审稿人 3

Comments to the Author

This paper studies the problem of ××× in ×××. The authors propose ××× algorithm. It employs ××× to improve ×××, and enjoys ××× in theory. Experimental results confirm the validity.

Strong points:

This paper is well presented, which makes reader easy to follow.

The problem of ××× is interesting.

The idea of ××× is novel.

Weak points: ...

解析:审稿人3认为论文语言清晰明了,研究问题有趣新颖。

END OF COMMENTS TO THE AUTHOR(S)

解析:我们可以看到,审稿信由主编发出,副主编负责综合审稿人们的意见并给出最终审稿结果,而审稿人的具体建议则附在信后。

每篇发表的论文都至少有三位审稿人无私贡献了自己的时间和精力审阅稿件,提出修改意见,希望提升稿件的质量,所以一定要以详尽的方式、礼貌的口吻回复哪怕是有"敌意"的审稿意见,这是对他人劳动的尊重,也是论文得以接收的前提。而且跟论文本身相比,对编辑和审稿人的回复更能看出作者的理解能力和表达能力,作者必须以科学严谨的态度对所有的审稿建议进行逐条回复。

在回复(即 response)中,首先要对审稿人的辛苦付出,表示感谢。

例:First of all, we thank the respected editor-in-chief for giving an opportunity to revise our manuscript. We sincerely appreciate the insightful suggestions on improving the paper from all the reviewers and the associate editor. We have comprehensively revised the manuscript to address all of the comments of the reviewers. The modifications are detailed in the individual response to the reviewers and the revised manuscript accordingly. We address each reviewer's comments separately by attaching our response under the comments in blue font. The main changes in the manuscript (not including small revisions, such as typos) are also marked by blue color. Thank you for facilitating this submission.

解析:大多数审稿意见都是非常中肯的,需要感谢并进行解释和相应修改,例如以下对话:

Reviewer: Page 8, after Equation (2), Figure 2 "demonstrates", please use another word, e.g. illustrates.

Authors: Revised. Thanks a lot.

Reviewer: Page 9, Equation (7), check the parentheses.

Authors: A comma has been added in Equation (9), i.e. former Equation (7). Thanks.

Reviewer: Page 10, the core of the proposed method is described in only 11 lines (105 to 115). This should be expanded.

Authors: We have elaborated on our linesearch method in Section 3. Moreover, four figures, i.e. Figure 3, 4, 5, and 6, are complemented to depict the problem intuitively. Please see Section 3 for more details.

解析:作者的回复以对话方式展现,一一回复审稿人的问题和意见,遵循了分析问题,思考建议,进行修改,并致谢的流程。类似表达再如:

① Thank you for your helpful comments and suggestions. We have addressed all of your concerns, as described in the dialogue below.

② Thanks for your valuable suggestions and in the revised version we have given more details about ...

③ We apologize for the unclarity of the paper.

④ To make this paper more readable, we have added more explanation for our algorithm and give more detailed descriptions following your useful suggestions.

⑤ We apologize for the misleading statement.

⑥ We totally agree and appreciate your insightful suggestion.

⑦ Corrected. Thanks.

然而,有时审稿意见可能不太合理,如果生硬拒绝,则很大可能导致论文被拒。这时候,一方面要考虑如何尽量修改,另一方面要以巧妙的方式进行解释(当然,也有专家认为不需要带有感情因素,数据合理就可以。但是,"to err is human",审稿人和编辑也难免会犯错,谦虚礼貌的态度比太过直白生硬的回复更能让人接受)。例如:

Reviewer: My first suggestion is to extend the optimization for non-linear SVM. Since in general, the non-linear SVM would take more time, it will make more sense to decrease the computational cost for that case. An incremental improvement of existing algorithm will hardly bring true impact to the field, but if a true extension will help this paper to stand out.

解析:该建议可以理解为将一篇研究某一单一类别的论文延伸为研究多类别的论文,这个建议固然很好,但是囿于时间和经费限制,很难完成,特别是仅有3个月的论文修改期。如果直接指出其建议可行性有问题,结果可能不太理想。下文中论文作者一方面尽量拓展了研究的范围,让审稿人看到了努力和诚意,另一方面则指出时间限制不能完成的研究建议,确实很有意义,将在未来作为新的研究方向,并给出了自己的研究思路。

Authors: Yes, the non-linear SVM is a very important topic. Indeed, we can do something such as nonlinear feature expansion of features, or kernel approximation by Nyström before using linear solver. However, this topic goes beyond our main goal. In our paper, we focus on linear SVM solver. Furthermore, we follow the suggestions and extend binary SVM to multiclass scenario, in which an optimized explicit piecewise linear function finding algorithm (Algorithm 4) is proposed. Please see Section 4 for details and subsection 5.2 for the multiclass experiments. We leave the non-linear scenario in our future work, which will be very interesting and meaningful.

最后审稿人接受了这一解答,发出了接收函。

与期刊回复相比,会议论文由于审稿和发表周期短,在要求返修时一般会有词(字符)的限制,这时候无论是审稿意见还是回复都会更加简洁精炼。如:

Reviewer: The considered problem is specialized.

解析:没有展开阐释,审稿人认为所研究问题过专过窄,潜台词是其应用价值不大。这其实是非常负面的审稿意见。

Author: We agree that the considered problem is specialized yet not scarce in machine learning. Actually, some other machine learning problems can also be transformed into L constrained optimization problem. Hopefully, the exploitation of second-order information in our procedure will provide insights into other potential optimization problems in machine learning.

解析:出于礼貌先表示认可审稿人的"过于专业"判断,但随即指出本问题实际可以拓展到研究领域的一个重要科学问题,是一个可以抛砖引玉的重要研究。向审稿人婉转地点明研究意义。

Reviewer: The small plots in Figure 2.

解析:审稿人仅仅点出破绽,没有具体阐释,需要作者发现问题解决问题。

Author: We will enlarge the x-axis font size and export a higher-quality figure. For the y-axis, we will keep the linear scale to highlight the acceleration effect of our algorithm.

解析:作者直接阐释了修改方案,并进一步优化。简单直接地解决了审稿问题,使其更完善。

第六章　国际科技类学术会议翻译

学习目标

本章将介绍科技类驻会翻译的规范与内容、基本驻会翻译流程和任务，以培养能胜任科技类会议的语言服务工作者。

第一节　国际科技类会议的驻会翻译

一般国际科技类学术会议中的翻译任务比较繁重，第一类是会议文稿等笔译任务或英文撰写等语言服务任务，第二类是会议口译任务。

第一类书面语言服务类，第一步就是根据会议的性质和内涵进行会议名称的翻译。例如，英语中有很多表示会议的单词，除非会议有约定俗称的固定名称，会议名称如何辨析和翻译是翻译工作者需要掌握的关于会议的第一个基础知识。常见表示会议的词有：Meeting，Conference，Symposium，Congress，Convention，Forum，Seminar，Workshop，Colloquium，Summit，Assembly，Rally，Gatherings。它们对应的译名与表达含义，常见会议名称英译以及中国计算机学会推荐的国际学术会议（A类）英文名称分别如表6.1、表6.2、表6.3所示。

表6.1　会议名称的翻译及其表达含义

会议名	译名	表达含义
Meeting	会议、会晤、集会	A general term of various kinds of assembly of people for a particular purpose. It can mean any kind of gathering, pre-arranged or non-arranged, formal or informal, long or short, large-scaled or small in scale, etc.
Conference	会谈、会议、谈判、协商	A formal meeting, often lasting for several days. It is organized on a particular subject to bring together people who have a common interest. At a conference, formal discussion usually take place. Comparatively conference refers to a specialized professional or academic event.

续表

会议名	译名	表达含义
Symposium	讨论会、座谈会、研讨会、专题讨论会	Symposium is also a kind of meeting, but it refers exclusively to the meeting for specialized academic discussion. At a symposium, experts, scholars, and other participants of a particular field discuss a particular subject. Compared with conference, a symposium is narrower and more specific in the range of topics.
Congress	代表大会、议会、聚会	The basic characteristic of a congress is that it is usually attended by representatives or delegates who belong to national or international, governmental or non-governmental organizations. It is held to discuss issues, ideas and policies of public interest. And it is usually rather large in scale and generally representative and extensive.
Convention	会议、年会	Convention is a kind of routine meeting, at which a large gathering of people meet and discuss the business of their organization or political group, such as the annual convention of the union. It is regularly organized by a learned society, a professional association, an academic institution or a non-governmental organization.
Forum	论坛、讨论会	Forum is a kind of public meeting, at which people exchange ideas and discuss issues, especially important public issues. Origin: a large outdoor public place in ancient Rome used for business and discussion.
Seminar	研究会、讨论会	Seminar is a class-like meeting, where participants discuss a particular topic or subject that is presented by several major speakers. Different from the general situation of a meeting, the presentations are mainly given by the chief speaker, while other people first listen and then join the discussion. It's a lecturing plus discussion.

续表

会议名	译名	表达含义
Workshop	研习会、讲习研讨班、交流会	Workshop originally means a room or building which contains tools or machinery for making or repairing things, especially by using wood or metal. Regarding meeting, it refers to a period of discussion or practical work on a particular subject in which a group of people learn about the subject by sharing their knowledge or experience. Emphasis is put on practical performance. Therefore, arranged in a workshop may be many relevant activities like demonstrations, displays and operations.
Colloquium	学术研讨会	A formal word for seminar. A large academic seminar like panel discussion. Attended by certain invited experts in a particular field.
Summit	峰会	A meeting or series of meetings between the leaders of two or more governments.
Rally	聚会	A large public meeting, especially one that is held outdoors to support a political idea, to protest, etc.
Assembly	集会	A group of people gathered for a particular purpose, e. g. making laws.
Gathering	集会	An occasion when people come together as a group.

表 6.2 常见会议名称英译

汉语名	英文名
联合国大会	General Assembly of the United Nations
政治协商会议	The Chinese People's Political Consultative Conference (CPPCC)
全国人民代表大会	National People's Congress
世博会	World Exposition
世界妇女大会	World Congress on Women
亚洲经济论坛	Forum on Asian Economics

续表

汉语名	英文名
亚太经合组织经济领导人会议	APEC (Asia-Pacific Economic Cooperation) Economic Leaders Meeting (AELM)
九届人大四次会议	The fourth session of the Ninth NPC
全国人大常务委员会	The NPC Standing Committee

表 6.3 中国计算机学会推荐的国际学术会议(A 类)的英文名称

会议简称	会议全称	出版社	网址
PPoPP	ACM SIGPLAN Symposium on Principles & Practice of Parallel Programming	ACM	http://dblp. uni-trier. de/db/conf/ppopp
FAST	Conference on File and Storage Technologies	USENIX	http://dblp. uni-trier. de/db/conf/fast/
DAC	Design Automation Conference	ACM	https://dblp. uni-trier. de/db/conf/dac/
HPCA	High Performance Computer Architecture	IEEE	http://dblp. uni- trier. de/db/conf/hpca/
MICRO	IEEE/ACM International Symposium on Microarchitecture	IEEE/ACM	https://dblp. uni-trier. de/db/conf/micro/
SC	International Conference for High Performance Computing, Networking, Storage, and Analysis	IEEE	http://blp. uni- trier. de/db/conf/sc/
ASPLOS	International Conference on Architectural Support for Programming Languages and Operating Systems	ACM	http://dblp. uni-trier. de/db/conf/asplos/
ISCA	International Symposium on Computer Architecture	ACM/IEEE	http://dblp. uni-trier. de/db/conf/isca/
USENIX ATC	USENIX Annul Technical Conference	USENIX	http://dblp. uni-trier. de/db/conf/usenix/index. html

其次,需要了解会议的基本内容及标准流程的专业术语。会议常用术语的英汉译文如表6.4所示。

表6.4　会议常用术语

Sponsors	主办者
Organizers	承办者
Parallel session	分会
Tutorials	指导课程
Panel discussion	小组讨论
Plenary session	全体会议
Workshop	交流会
Preparatory meeting	预备会议
Session	会期
Calendar/Agenda	会议日程
Working language	工作语言
Proceedings	会议论文集

会议通知的设计格式和语言规范需涵盖如时间,地点(一般用 Venue 表示),注册费用(分时段如 Early Bird Registration),主要时间节点,征文启事(即 Call for Papers,需注明时间、地点、选题方向、时间节点、联系方式等),议题的专业术语表达,参会要求,会议流程,投稿、审稿信息,会议议程,参观游览,接待活动安排等相关信息。

了解会议流程中的固定表达,如开幕式、闭幕常用句式,都是科技会议语言服务者应该提前准备好的素材。在准备会议口译任务时,需考虑嘉宾可能需要的现场语言服务。

这里有个关于会议翻译的小笑话:

发言人:各位尊敬的来宾们!

译者:Ladies and gentlemen!

发言人:先生们、女士们!

译者:Good morning!

发言人:大家早晨好!

译者:Welcome to China!

发言人:欢迎大家不远万里来到中国!

译者:(无言可对)

解析:这个笑话其实也是在提示会议语言服务者,只有有备而来,才能更好地应对现场可能发生的应急状况。

现在的国际学术会议一般以英语为工作语言,通常只需要进行程序化的语言服务内容。但如果是在中国举办,则还是需要做口笔译工作,例如政府官员、大学校长等的致辞翻译。这些翻译工作同样需要做好材料的准备和积累。

宣布会议开始常用的措辞

① Friends! Colleagues! May I have your attention, please! It's time for us to start!

② Ladies and gentlemen, please be seated!

自我介绍和介绍他人

① My name is ..., and I am going to chair this meeting with a pleasure.

② I feel very honored to have been appointed the chairman of this meeting. Dear friends, honorable delegates, on the occasion of the opening of the meeting, I would like to express my best wishes for success to this memorable assembly.

③ We sincerely hope that all present here will feel free to express their ideas and exchange various opinions so as to make this conference a real success.

会议环节的结束致辞

① Any other questions? Well, we do appreciate your patience and willingness to share with us your experiences as well. I hope that you enjoy the rest of the afternoon.

② Thank you for your attention and your time. I appreciate it very much. I am sorry to say that this session will have to stop here. Thank you for your illuminating questions. I would be very glad to discuss them with you after the meeting.

③ On behalf of the organizing committee, I would like to thank all participants for your efforts and contributions to this successful symposium.

④ The conference was a success as a direct result of the participation of experts from all over the world. Many of you came over great distances at your own expense to participate. Everyone learned and gained from your presentations.

⑤ This symposium is indeed a platform of technological exchange for guest experts and scholars from home and abroad. I believe, by way of this symposium, the relationship between us will be strengthened and our cooperation and friendship will be further developed. Finally wish you a pleasant working tour and an enjoyable stay in Shanghai and hope the conference will be a great success.

常规的会议语言服务可以提前准备,但是也同样需要译者具备较好的临场能力和语言能力,因为会议发言特别是开场发言常常是丰富多彩、充满创意的。一般发言的开场方式可能包括:使用名人名言或者领域专家引言;心象法,即请听众想象某场景;具身法,即请听众参与某些互动,如提问环节;临场发挥与现场和主题相关的趣闻轶事。

翻译过程中,还需要考虑文化因素,例如中文致辞可能会非常详尽地列举参与人的姓名、职位,英译则需要按照英语国家习惯进行简化。

例:2020 年 9 月 10 至 12 日,由×××委员会和×××论坛共同举办的第×届×××国际论坛在索菲特大酒店举行,信息行业部副部长×××、部长助理×××、商业部科技处处长×××、中国机电成品商会会长×××、中国社会科学院高级顾问×××、国际发展研究中心副主任×××以及海南省领导、科研人员出席了本次论坛。

解析:原文极富该类中文报道的特色,但如果直译,作为外宣文稿就属于典型的"内外不分",可以说是内稿外用。报道的主旨应是"电子商务论坛"的相关信息,而中文稿根据"中国新闻"的习惯,罗列了一大串政府官员,若逐字逐句地直译下去,译文肯定不符合西方受众的接受习惯。所以,英文译文不能逐字翻译,需要进行译前处理,特别是省略所有参会者的职位,仅以"officials and researchers"来代替。

对于国际科技类学术会议,一般都形成了成熟的流程,主办方会交付比较专业的会务公司负责,与其说是翻译,不如说是承担了语言服务工作;有约定俗成的会议名称,不再需要语言服务者去辨析和翻译会议名称;邀请函、会议通知等文字工作有往届材料可以参考,只需要作少量的文字修订;帮助外方参会人员申请中国签证等工作,可由会议承办方如高校该专业的研究生承担,因为中国非英语专业研究生的学术英语导向日趋凸显,他们基本都能胜任此类英语交流,但也可能存在一些交流问题,如英语变体口音辨析的问题。下面以人工智能领域的高水平国际学术会议(International Conference on Machine Learning,简称 ICML)为例,进行国际学术会议语言服务的案例分析。

会议语言服务案例解析

ICML 2014 在北京举办,其会议流程安排遵循国际学术会议的惯例,以全英文网站对会议各项流程进行了安排(https://icml.cc/Conferences/2014/),图 6.1 为会议的征稿启事。

ICML | Beijing

International conference on machine learning, 2014

21-26 JUNE 2014 BEIJING

The conference | For authors | For participants

Call for Papers

International Conference on Machine Learning

http://icml.cc/2014

Beijing, June 21-26, 2014

The 31st International Conference on Machine Learning (ICML 2014) will be held in Beijing, China, from June 21 to 26, 2014. The conference will, tentatively, consist of one day of tutorials, followed by three days of main conference sessions, followed by two days of workshops. We invite submissions of papers on all topics related to machine learning for the conference proceedings, and proposals for tutorials and workshops.

After reviewing author and reviewer feedback from the previous conference, ICML 2014 will adopt a two-cycle submission/review format, of which the first submission/review cycle will facilitate both regular one-time review/rebuttal of submissions, as well as invitation-only resubmission into the second cycle, whereas the second cycle will only allow regular first-time submission plus resubmission of papers invited from the first cycle. We are also exploring the possibility of a JMLR track at ICML that allows direct submission of papers intended for JMLR to be reviewed under the same time frame of ICML, more detail will be available soon once agreement with JMLR has been reached. Accepted papers will be announced and posted online shortly after acceptance and will be considered published and available for citation at that time.

图 6.1　ICML 2014 征稿启事

翻译练习

请翻译以上征稿启事,注意中英文的语言习惯差异,如对比第一句英文和译文“第三十一届机器学习国际会议(ICML 2014)将于 2014 年 6 月 21 至 26 日在中国北京举办”。

ICML@Beijing
International conference on machine learning, 2014
21-26 JUNE 2014 BEIJING

Invitation to Attend ICML 2014

April 27, 2014

Dear ×××,

Congratulations on your paper acceptance at the 31st International Conference on Machine Learning (ICML 2014)! On behalf of the organization committee, we have the pleasure to invite you to attend the conference.

ICML is the leading international machine learning conference and is supported by the International Machine Learning Society (IMLS). It is extraordinarily interdisciplinary, with contributions from many intellectual communities united by a common interest in the study of machine learning. ICML 2014 will be held at the Beijing International Convention Center (BICC), No.8 Beichen Dong Road, Chaoyang District, Beijing, China, on June 21-June 26, 2014. Regularly updated information of the conference, the schedule, and the facilities is available at http://icml.cc/. Your presence and contribution would be highly appreciated.

Please note that you may need a Chinese visa in order to enter China and attend the conference. Please apply for a visa at the Chinese embassy or consulate in the region where you live at your earliest convenience. We look forward to seeing you in Beijing in June!

Sincerely yours

×××

Local Organization Committee Co-Chairs, ICML 2014
Email: registration-icml2014@icml.cc
Tel: ×××
Address: Department of Automation, Tsinghua University, Haidian District, Beijing, China.

图 6.2 ICML2014 邀请函

翻译练习

① 请翻译如图 6.2 所示会议邀请函,并注意邀请函的格式。

② 由于在中国举办,ICML 2014 的会议网站体现了很多中国特色文化元素,如会议主页设计中的水墨画元素,天坛楼阁图案设计,注册礼物是桑蚕丝的围巾等。该次会议为传统的办会方式,即线下会议,其中有主办方的一些特色安排,如对申请签证、在中国生活的设施、金融等的介绍以及对会议周边旅游景点的介绍。

请尝试翻译以下会议信息，学习国际会议相关文本的写作和翻译规范。

Travelling to Beijing(在京旅游)

Warning: When in China, attendees may experience some website blockages and should plan for and anticipate some reduced accessibility.

You can find travel tips, such as attractions, currency, transportation, climate and electricity on this page. For how to get to the conference venue (Beijing International Convention Center), see Venues.

Currency(金融)

The official name for the currency of China is Renminbi (RMB). It is denominated into Yuan(元) or Kuai(块). Foreign currency can be exchanged for RMB at the airport and banks. Major credit cards are honored at most hotels. Banks usually open at 9:00 in the morning and close at 17:00 in the afternoon all working days.

Transportation(交通)

Beijing has subways, taxis, buses for public transportation. Subway is convenient for most of the time. Avoid taking taxis / buses to the urban area (inside 3rd ring) during rush hours (typically around 8:00 and 18:00). You can get the route by public transportation on Google Maps.

To drive a car in China, you need a local driving license. Foreign driving license / international driver's license are not accepted in China. It is possible to obtain provisional driving license at Car Service Center, Beijing Airport Terminal T3-C, opposite to Gate 7 on Floor 1, the procedure may not be very easy though. Three 1-inch photos with white background are needed.

Climate and Clothing(气候和穿衣建议)

Late June in Beijing is both summer and the start of tourist season in Beijing. The average temperature in Beijing is 19-30 ℃ (66-86 ℉). Generally, summer clothes such as shorts and dresses are enough for this time in Beijing. The sunlight may be very strong in the afternoon, so do prepare some sun-tan oil, lotion, cream if you are going to go outdoors. You may also pack a raincoat or umbrella for any sudden rain during travel.

Electricity(电源)

Electricity is supplied at 220 V, 50 Hz AC throughout China. Major hotels usually provide 115 V outlet for razor.

Attractions(旅游景点)

Over the 5,000 years history of China, Beijing has been the capital for many dynasties, Jin, Yuan, Ming, Qing, etc. It has many historical attractions. As the capital of China, Beijing is also a modern city with 20 million population. There are abundant place to visit in Beijing.

You can get to most of the places listed below by subway except The Great Wall and Ming Tombs. If you take a taxi, show the Chinese characters to the driver.

Historical(名胜古迹)

Forbidden City(故宫)

Chinese Imperial Palace from Ming Dynasty to the end of Qing Dynasty. Largest and best preserved palatial buildings in the world.

Summer Palace(颐和园)

Chinese imperial gardens of Qing Dynasty. A vast ensemble of lakes, gardens and palaces in Beijing.

Temple of Heaven(天坛)

A complex of religious buildings situated in the southeastern part of central Beijing.

Ming Tombs(十三陵)

Tombs of 13 emperors of Ming Dynasty.

The Great Wall of China(长城)

Defensive wall built from Qin Dynasty (about 2200 years ago), more than 8,000 km long. You can get to the Great Wall by the S2 train from Beijing North Railway Station, which is connected with Xizhimen Subway station (Line 2, 4, 13).

Modern(现代景观)

Olympic Village(奥体中心)

China National Convention Center is in the Olympic Village. You can walk to Bird's Nest (National Stadium) and Water Cube.

TODO add more information of Olympic Village, like ticket or open hours.

Wangfujing(王府井)

Commercial district, has many snacks to eat along the street.

Tian'anmen Square(天安门广场)

Center of Beijing, largest city square in the world. Has many landmark building of PRC. Such as Monument to the People's Heroes, Chairman Mao Memorial Hall, Great Hall of the People.

For more information, see http://www.travelchinaguide.com/attraction/beijing/.

Visa Information(申请签证)

Conference participants may need a Chinese visa to enter China. Specifically, those who are not Chinese citizens, need a Chinese visa. Participants can apply for a visa at the Chinese embassy or consulate in the region in which they live. For most attendees, it is easier to apply for a Tourist ("L") visa; an invitation letter is not required for obtaining a Tourist visa. If some participants need another type of visa that does require an invitation letter, the ICML 2014 organization committee will be glad to help. If you need an invitation letter, please send e-mail to local chairs, together with your registration, and in the case of being an author, your accepted paper ID.

To avoid uncertainty, participants will be advised to apply for a visa as early as possible. It is recommended that they apply for a Chinese visa at least 1 month in advance.

For more information regarding the requirements and procedure for obtaining a visa to China, please see https://www.visaforchina.org/, if your country is not listed on that website, please search for embassy or consulate in your region.

For example, Embassy of China in USA is at http://www.china-embassy.org/eng/visas/.

第二节 科技类学术会议语言服务案例分析

在协助科技工作者参与国际科技学术会议时,译者更多以语言服务者的身份参与,要面对的不仅是语言层面的口笔译工作,更需要专业知识和沟通技巧,辅助科技工作者的整个会议交流过程。

首先,需要了解会议论文与普通期刊论文的差异,辅助会议论文投稿的语言润色。例如,一般来说会议论文的篇幅较小,因此内容展开部分相对其他方面并不那么充分,更追求报告开创性的研究成果。其次,了解国际学术会议的流程和内容,特别是重要的日程安排,对会议的每一个环节能给出专业的建议。会议论文审稿一般只有一轮审稿意见反馈和修改反馈,周期相对较短,但其返修(rebuttal)对字符数有严格要求,且直接决定论文能否被接收,所以更需要言简意赅、凸显主题、逻辑清晰,有着强说服力的写作功底。

会议语言服务案例解析

以人工智能领域的顶级会议 ICML 2020 为例,在会议网站的首页,列出了会议的主要议程安排。

ICML 2020 Meeting Dates

The Thirty-seventh annual conference is held Sun. July 12 through Sat. July 18, 2020 at Virtual Conference Only.

解析:受到新冠疫情影响,该次会议采用了新的形式:线上会议方式,线上会议的英文表达为 virtual conference。

以下列举了 ICML 2020 的重要会期安排,请注意黑体字的意义。

Session	Start Date
Conference **Sessions, Tutorials, Workshops** and **Expo**	Mon. July 13 through Sat. July 18

Other Important Dates and Deadlines

Name	Date (America/Los_Angeles)	Countdown
Paper Submissions Open on CMT	Jan. 7 06:00 AM PST	00 weeks 00 days 00:00:00
Abstract Submission Deadline	Jan. 30 (**Anywhere on Earth**)	00 weeks 00 days 00:00:00
Paper Bidding Opens (Reviewers and Meta-reviewers)	Feb. 4 (Anywhere on Earth)	00 weeks 00 days 00:00:00
Paper Submission Deadline	Feb. 6 (Anywhere onEarth)	00 weeks 00 days 00:00:00
Paper Bidding Deadline (Reviewers and Meta-reviewers)	Feb. 11 (Anywhere on Earth)	00 weeks 00 days 00:00:00

Code and LaTex Source Submission Deadline	Feb. 19 (Anywhere on Earth)	00 weeks 00 days 00:00:00
Reviewing Begins	Feb. 20 (Anywhere on Earth)	00 weeks 00 days 00:00:00
Tutorial Proposal Submission Deadline	Feb. 21 (Anywhere on Earth)	00 weeks 00 days 00:00:00
Workshop Notification	Mar. 07 11:59 PM PST	00 weeks 00 days 00:00:00
Review Deadline	Mar. 20 (Anywhere on Earth)	00 weeks 00 days 00:00:00
Call for Expo Talks/Demos/Workshops Opens	Apr. 6 12:00 AM PDT	
Author Feedback Opens	Apr. 9 04:59 AM PDT	00 weeks 00 days 00:00:00
Author Feedback Closes	Apr. 21 04:59 AM PDT	00 weeks 00 days 00:00:00
Sponsor Portal Open	May 12 09:00 AM PDT	
Registration Opens	May 20 08:00 AM PDT	
Author Notification	June 1 04:59 AM PDT	00 weeks 00 days 00:00:00
Volunteer Applications Close	June 12 11:59 PM PDT	00 weeks 00 days 00:00:00
Sponsor Payment Deadline	June 12 (Anywhere on Earth)	00 weeks 00 days 00:00:00
Workshop Application Deadline	June 14 (Anywhere on Earth)	00 weeks 00 days 00:00:00

Video Submission Deadline	June 15 (Anywhere on Earth)	00 weeks 00 days 00:00:00
Expo Calls Deadline	June 20 (Anywhere on Earth)	
Electronic Paper Submission	June 26 (Anywhere on Earth)	01 weeks 03 days 23:01:25
Final Paper Submission	Aug. 14 (Anywhere on Earth)	08 weeks 03 days 23:01:25
Sponsor Portal Close	Aug. 31 (Anywhere on Earth)	

解析:作为语言服务者,需要帮助参会科技工作者了解会议议程的专业表达。不同议程或会期一般用 session 这个词来表达。Tutorials, Workshops and Expo 分别代表会议不同的议程安排。一般来说,有以下含义:

Tutorials:有关研究方向或技术的讲解,类似于上课,宣讲人一般都是该领域的成名大家;

Main Conference:录用了的论文宣讲;

Workshops:研讨会,讨论主题是没被大会接受的论文或者具有创新的方向性论文;

Expo:赞助商展览。一般博览会还有一个常用名称 Fair,如国际农业技术博览会 International Fair of Agricultural Techniques。Expo 和 Fair 的中文都可译为博览会,其差别在于 Expo 更强调展示功能,而 Fair 则更强调商业目的。

与时间相关的知识点包括:

Countdown:距离该议程剩余的时间;

PST/PDT:Pacific Standard Time/Pacific Daylight Time 的缩写,即太平洋标准时间/太平洋夏季时间;

Anywhere on Earth:常常被缩写为 AoE,即最后期限,是以世界上最后一个达到该时间节点的地点计算的。其含义为:Many organizations and academic institutions are moving toward using the Anywhere on Earth or AoE timezone for deadlines and due dates. The AoE timezone represents the last timezone on earth to transition to a new date, which makes it a great candidate for deadlines for internationally distributed teams and groups. This means that the time zone is 12 hours behind Coordinated Universal Time. The time zone is primarily observed by countries in the Pacific all year round.

其他的主要时间节点还包括：

Paper Submissions Open on CMT：论文提交在线系统开放日；

Abstract Submission Deadline：摘要提交的期限；

Paper Bidding Opens（Reviewers and Meta-reviewers）：审稿人和主审稿人申请时间开始；

Code and LaTex Source Submission Deadline：研究代码和LaTex源文件提交的期限；

Reviewing Begins：审稿开始日；

Author Feedback Opens：作者收到审稿意见，可以进行自我辩解、返修的时间；

Sponsor Portal Open：赞助商申请时间开始；

Author Notification：作者的论文接收函发放时间；

Video Submission Deadline：因疫情原因召开的线上会议中所有论文被接收者以录制视频方式进行论文宣讲，这里是指视频提交的期限；

Electronic Paper Submission：修改稿提交时间；

Final Paper Submission：在会议结束后，作者根据反馈修改后最终版论文的提交时间。此时的论文相当于学术期刊的Camera Ready版本论文。

翻译练习

案例1

2020年的ICML学术会议由于受新冠疫情的影响，除了将会议的方式从传统的方式变为了线上会议（Virtual Conference），常规的参会方式也发生了变化，如允许限制范围内的一稿多投、随时可以撤稿，录用稿件的presentation提前录制好于线上会议时播放。以下是会议对特殊形式的说明，请尝试对其进行翻译。

ICML 2020 & COVID-19

（Mar. 23，2020）ICML 2020 will be a virtual conference. We have plans to enable most normal conference events virtually. We will continue to post refined plans as we make decisions, in conjunction with other conferences. Please see the letter from the organizers for more details.

案例2

2020年的ICML会议也会因应时事发布一些特别的声明和要求，例如由于当年在美国发生的歧视事件，大会首页上出现了以下内容，这也属于本书讨论的科技翻译中的文化因素范畴。请尝试对其进行翻译。

Black Lives Matter

The ICML community mourns George Floyd, Ahmaud Arbery, Breonna Taylor and countless other victims of police brutality and racial violence. Black Lives Matter. We will deepen our partnership with Black in AI at ICML, and we share its goals of increasing participation of Black researchers in the field of AI. We affirm our commitment to investing in a future of machine learning research where Black researchers are empowered.

案例 3

以下为 2020 年 ICML 会议的征稿启事,关注黑体部分的征稿规范表述。请尝试仿写一则征稿启事。

ICML 2020 **Call for Papers**

The 37th International Conference on Machine Learning (ICML 2020) **will be held in** Vienna, Austria **from** July 12 **to** July 18, 2020. The conference **will consist of** one Expo day (July 12), one day of tutorials (July 13), **followed by** three days of main conference sessions (July 14-16), followed by two days of workshops (July 17-18). **We invite submissions of papers on** all topics related to machine learning **for the main conference proceedings. All papers will be reviewed in a double-blind process and accepted papers will be presented at the conference.**

Deadlines: This year, ICML will continue with **a single review cycle**, with an **abstract submission deadline** of Jan. 30, 2020 **AoE** and a **full paper submission deadline** of Feb. 6, 2020 AoE; all paper submission deadlines are "Anywhere on Earth."

Submissions will open Jan. 7, 2020 and **can be submitted through** CMT: https://cmt3.research.microsoft.com/ICML2020/.

Topics of interest include (but are not limited to):

① General Machine Learning (active learning, clustering, online learning, ranking, reinforcement learning, semi-supervised learning, time series analysis, unsupervised learning, etc.)

② Deep Learning (architectures, generative models, deep reinforcement learning, etc.)

③ Learning Theory (bandits, game theory, statistical learning theory, etc.)

④ Optimization (convex and non-convex optimization, matrix/tensor methods, sparsity, etc.)

⑤ Probabilistic Inference (Bayesian Methods, graphical models, Monte Carlo Methods, etc.)

⑥ Trustworthy Machine Learning (accountability, causality, fairness, privacy, robustness, etc.)

⑦ Applications (computational biology, crowdsourcing, healthcare, neuroscience, social good, climate science, etc.)

We encourage the submission of papers that develop machine learning techniques to address socially relevant problems, ethical AI and AI safety.

Papers published at ICML **are indexed in** the Proceedings of Machine Learning Research through the Journal of Machine Learning Research. Paper acceptance decisions are made without concern for funding, and authors of accepted papers receive priority for travel awards as needed. **We have given** eight weeks between notifications of paper acceptance and the conference **to allow for visa processing**, and will work to award travel funding for those who need visas as quickly as possible.

Author and **Style Instructions**: View author instructions, including policies around dual submission, anonymization, and style files here. **Submitted papers that do not conform to these policies may be rejected without review.**

 **翻译练习**

在本次会议网页上，还给出了审稿的标准和要求，供审稿人和投稿的学者们借鉴，以完善论文。请特别关注文中黑体部分，并对其进行翻译。

ICML 2020 Review Form

To help ICML 2020 participants better understand the review process, we are making the reviewer form available here. Questions with an asterix are required. The form explicitly mentions who will see what answers. When the form says that an entire is "**visible to** other reviewers", this means that it is visible to other reviewers *only after* they have submitted their own reviews.

① Please **summarize the main claim(s) of this paper in two or three sentences.** * (*visible to authors during feedback*, *visible to authors after notification*, *visible to other reviewers*, *visible to meta-reviewers*)

② **Merits of the Paper.** What would be the main benefits to the machine learning community if this paper were presented at the conference? Please list at least one. * （*visible to authors during feedback*，*visible to authors after notification*，*visible to other reviewers*，*visible to meta-reviewers*）

③ **Please provide an overall evaluation for this submission.** * （*visible to authors during feedback*，*visible to authors after notification*，*visible to other reviewers*，*visible to meta-reviewers*）

Outstanding paper，I would fight for it to be accepted.

Very good paper，I would like to see it accepted.

Borderline paper，but has **merits that outweigh flaws.**

Borderline paper，but the **flaws may outweigh the merits.**

Below the acceptance threshold，I would rather not see it at the conference.

Wrong or known results，I would fight to have it **rejected.**

④ **Score Justification.** * Beyond what you've written above as "merits", what were the major considerations that led you to your overall score for this paper? （*visible to authors during feedback*，*visible to authors after notification*，*visible to other reviewers*，*visible to meta-reviewers*）

⑤ **Detailed Comments for Authors.** * Please comment on the following，as relevant：

-The **significance** and novelty of the paper's contributions.

-The paper's potential **impact** on the field of machine learning.

-The degree to which the paper **substantiates** its main claims.

-**Constructive criticism** and feedback that could help improve the work or its presentation.

-The degree to which the results in the paper are **reproducible.**

-**Missing references，presentation suggestions，and typos or grammar improvements.** （*visible to authors during feedback*，*visible to authors after notification*，*visible to other reviewers*，*visible to meta-reviewers*）

⑥ Please **rate your expertise on the topic of this submission，picking the closest match.** * （*visible to authors during feedback*，*visible to authors after notification*，*visible to other reviewers*，*visible to meta-reviewers*）

I have published one or more papers in the narrow area of this submission.

I have closely read papers on this topic，and written papers in the broad area of this submission.

I have seen talks or skimmed a few papers on this topic，and have not published in this area.

I have little background in the area of this submission.

⑦ **Please rate your confidence in your evaluation of this paper, picking the closest match.** * (*visible to authors during feedback, visible to authors after notification, visible to other reviewers, visible to meta-reviewers*)

I am very confident in my evaluation of the paper. I read the paper very carefully and I am very familiar with related work.

I tried to check the important points carefully. It is unlikely, though possible, that I missed something that could affect my ratings.

I am willing to defend my evaluation, but it is fairly likely that I missed some details, didn't understand some central points, or can't be sure about the novelty of the work.

Not my area, or the paper was hard for me to understand.

⑧ **Datasets.** If this paper introduces a new dataset, which of the following norms are addressed? (For ICML 2020, lack of adherence is not grounds for rejection and should not affect your score; however, we have encouraged authors to follow these suggestions.) (*visible to authors during feedback, visible to authors after notification, visible to other reviewers, visible to meta-reviewers*)

This paper does not introduce a new dataset (skip the remainder of this question).

A link to the dataset is provided in the paper.

The dataset is deposited in a repository that ensures long term preservation of the data.

The dataset has a persistent identifier such as Digital Object Identifier or Compact Identifier.

The dataset adheres to Schema.org or DCAT metadata standards.

The license and/or any data access restrictions are described in the paper.

The paper includes a convincing justification of the special nature of the dataset that makes it impossible to conform to these suggestions.

⑨ **Confidential Comments to Meta-Reviewer.** Use this section to write any comments that only meta-reviewers ("area chairs") will see. Please use this section sparingly, in particular for things that may break anonymity of yourself or of the authors (to other reviewers). (*visible to meta-reviewers*)

⑩ **Creative Paper**? We wish to identify particularly creative papers that study a new problem or involve a very **novel idea or insight**. Please check this box if you feel that this submission is creative enough to be accepted even if there are some weaknesses in execution. (*visible to meta-reviewers*)

⑪ **Social/Humanitarian Relevance**? We also wish to highlight papers that work on problems with strong social or humanitarian relevance. Please check this box if you feel that this submission is sufficiently socially relevant to be accepted even if there are some weaknesses in execution. (*visible to meta-reviewers*)

⑫ **I agree to keep the paper and supplementary materials** (**including code submissions and LaTex source**) **confidential**, and delete any submitted code at the end of the review cycle to comply with the confidentiality requirements. * (*visible to authors during feedback*, *visible to authors after notification*, *visible to other reviewers*, *visible to meta-reviewers*)

⑬ **I acknowledge that my review accords with the ICML code of conduct** (see https://icml. cc/public/CodeOfConduct). * (*visible to authors during feedback*, *visible to authors after notification*, *visible to other reviewers*, *visible to meta-reviewers*)

以下部分为ICML会议对稿件格式的要求。同很多期刊一样,ICML也要求作者使用LaTex编辑稿件;下文包括了很多与格式相关的英文表达,特别是黑体部分,需要语言服务者理解并能正确使用。

ICML 2020 Style & Author Instructions

Please see the LaTex style files, an example paper, and the Call For Papers. (Other software than LaTex is not supported.)

Important changes from last year are in **bold**; please read the instructions carefully.

Abstract Submissions: Authors should include a full title for their paper, complete author list, as well as a complete abstract in the submission form by the abstract submission deadline. Submissions that have "placeholder" (test, xyz, etc.) titles or abstracts (or none at all) at the abstract submission deadline will be deleted. Authors of these types of submissions will not be allowed to submit a full paper. **Significant changes to abstracts between abstract submission and paper submission will not be allowed.** (A significant change is one which plausibly would affect bidding. **Any abstract edits with a character edit distance**

less than 20 **will be accepted**（**小于 20 字符的编辑范围可被接受**）；any more significant edits may be reviewed manually and possibly rejected.）Abstracts may be withdrawn up to the paper submission deadline.

Paper Length：Submitted papers can be up to **eight pages** long（not including references），with **unlimited space for references**. Any paper exceeding this length will automatically be rejected. All submissions must be **electronic, anonymized and must closely follow the formatting guidelines in the templates**; otherwise they will automatically be rejected. Accepted papers can be up to nine pages long, not including references, to allow authors to address reviewer comments.

Double-Blind Review：As reviewing is double-blind, papers must not include **identifying information of the authors**（**names, affiliations, etc.**）. **Self-reference or links**（e. g., github, youtube）that reveal the authors' identities must be avoided. Papers should not refer to documents that are not available to reviewers; for example, do not redact important citation information to **preserve anonymity**. Instead, use third person or named reference to this work（e. g., "Xiang et al. showed" rather than "We showed"）. Supplementary materials and code should also be anonymized（including, for instance, hardcoded paths or URLs that may give away login identifiers or institution）.

Authorship：This year, **the author list provided in the submission form at the abstract** submission **deadline will be considered final**, and no changes in authorship will be permitted for accepted papers. In general, the author list for submissions should include all, and only, individuals who made **substantial contributions** to the content of the paper. Each author listed on a submitted paper will be notified of submissions and decisions.

Supplementary **Material and Code Submission**：Authors have the option of submitting one supplementary manuscript containing further details of their work and a separate file containing code that supports experimental findings; it is entirely up to the reviewers to decide whether they wish to consult this additional material. Supplementary material should be material, created by the authors, that directly supports the submission content, and can be formatted however the authors like（e. g., single column version of the ICML format）. Like submissions, supplementary material must be anonymized. To foster reproducibility, we highly encourage authors to submit code. Reproducibility of results and easy availability of code will be taken into account in the decision-making process. **Supplementary material and code may be submitted up to thirteen days after the paper deadline (Feb. 19, 2020).** We encourage authors to make use of this extra week, also to avoid overloading the submission server at the paper deadline. Only reviewers and chairs will have access to submitted code and supplementary material, and will be instructed to delete it after the review process.

Accessibility and LaTex Source Submission: Paper and supplements should be written to be accessible to as wide an audience as possible. Because there is better accessibility support — in the form of screen readers — for LaTex than PDF, submissions and final papers must include LaTex source. **Properly anonymized LaTex source code for all papers will be required by the code submission deadline (Feb. 19, 2020).** LaTex source should be compiled into **a single zip file** named "latexsource. zip" and uploaded as part of the supplementary material. Additionally, please ensure your paper is readable by all: small **fonts** should be avoided, **figures** should not only use colors to distinguish curves, and **punctuation** should be used in lists. More information on making accessible figures and presentations is available here.

Reproducibility Checklist: To foster reproducibility of machine learning results, **authors will be asked to answer all questions from the** Reproducibility Checklist **during the submission process**. The answers, which can be updated before the full paper submission deadline, will be made available to the area chairs and/or reviewers to help them evaluate the submission.

Datasets: If the primary topic of the manuscript is to introduce a new dataset as a community resource, **we highly recommend that such datasets must be deposited in a data repository** that:

Ensures long term preservation of the data.

Provides a persistent identifier such as Digital Object Identifier or Compact Identifier.

Adheres to Schema. org or DCAT metadata standards.

If — due to the special nature of the data — it cannot be deposited in such repository the justification should be included in the manuscript. For all other datasets we recommend using Zenodo. org or Figshare. com since they facilitate preserving the anonymity of authors during the peer review process. Such datasets should be linked to in the manuscript. In addition the license and/or any access restrictions of the dataset must be described in the manuscript. We strongly encourage using CC0 license whenever possible to maximize the ease of reuse of the shared data.

Dual Submissions: It is not appropriate to submit papers that are identical (or substantially similar) to versions that have been previously published, or accepted for publication, or that have been submitted in parallel to other conferences or journals. Authors submitting more than one paper to ICML 2020 must ensure that these submissions do not overlap significantly with each other in content or results. All such submissions violate our dual submission policy, and the organizers have the right to reject such submissions, and remove them from the proceedings. There are several exceptions to this rule:

Submission is permitted of a short version of a paper that has been submitted to a journal, so long as it has not yet been published at the time of submission to ICML. It is the author's responsibility to make sure that the journal in question allows **dual concurrent submissions** to conferences.

Submission is permitted for papers presented or to be presented at conferences or workshops without proceedings (e.g., ICML or NeurIPS workshops), or with only abstracts published.

Submission is permitted for papers that are available as a technical report (or similar, e.g., in arXiv). In this case we suggest the authors not cite the report, so as to preserve anonymity.

Previously published papers with substantial overlap written by the authors must be cited in such a way so as to preserve author anonymity. Differences relative to these earlier papers must be explained in the text of the submission.

Reviewing Criteria: Accepted papers must contain significant novel results that further understanding of machine learning, broadly construed. Results can be **theoretical or empirical, quantitative or qualitative, or a combination.** Papers should make clear their main claim(s) and offer clear evidence in support of those claims. Results will be judged on the degree to which they have been objectively established and/or their potential for scientific, technological, and/or societal impact. Reproducibility of results and easy availability of code will be taken into account in the decision-making process. The paper review form will be posted here shortly.

Citation and Comparison: Papers are expected to cite all refereed publications relevant to their content, but authors are excused for not knowing about all unpublished work, or work that has been recently posted. Papers (whether refereed or not) appearing less than three months before the submission deadline are considered contemporaneous to ICML submissions; authors are not obligated to make detailed comparisons to such papers (though, especially for the **camera ready versions** of accepted papers, authors are encouraged to).

Toronto Paper Matching System & OpenReview: ICML uses the Toronto Paper Matching System (TPMS) and OpenReview in order to assign submissions to reviewers and area chairs. Both software packages compute similarity scores between ICML submissions and reviewers' papers. During the submission process, you will be asked to agree to the use of TPMS and OpenReview for your submission. (Note that OpenReview is used only for matching; your paper will not be made public.)

Code of Conduct: Authors will be asked to confirm that their submissions accord with the ICML code of conduct.

下文是2020年ICML会议中一位投稿者收到的最终审稿意见,包括了审稿标准以及对应的审稿意见。其中,中括号部分为审稿意见。

View Meta-Reviews

Paper ID ×××

Paper Title ×××

META-REVIEWER ♯3

META-REVIEW QUESTIONS

① Please provide a meta-review for this paper that explains to both the program chairs and the authors the key positive and negative aspects of this submission. Because authors cannot see reviewer discussions, please also summarize any relevant points that can help improve the paper. Please be sure to make clear what your assessment of the pros/cons of this paper are, especially if your assessment is at odds with the overall reviewer scores. Please do not explicitly mention your recommendation in the meta-review (or you may have to edit it later).

[**Referees all made positive remarks about the contributions here. Reviewer 1**

has remaining concerns that should be addressed fully in the final revision if the paper is accepted]

② I agree to keep the paper and supplementary materials (including code submissions and LaTex source), and reviews confidential, and delete any submitted code at the end of the review cycle to comply with the confidentiality requirements.

[**Agreement accepted**]

③ I acknowledge that my meta-review accords with the ICML code of conduct (see https://icml.cc/public/CodeOfConduct).

[**Agreement accepted**]

---------- Forwarded message ---------

Sender: **Microsoft CMT** 〈email@msr-cmt.org〉

Date: Mon. June 1, 2020, 10:28 AM

Subject: ICML2020 Decision: Paper ××× is accepted

To: ×××〈××× @gmail.com〉

Dear ×××,

We are pleased to inform you that your ICML 2020 submission ××× for ××× (paper title), with paper ID ×××, has been **accepted** for presentation at the conference, and for **publication** in the conference proceedings. Congratulations! Action items are highlighted below.

The reviews played an important role in the decisions made by the **Meta-Reviewers** and the **Program Chairs**, so please acknowledge their work by taking these recommendations into account and update your paper accordingly.

There were 4990 papers reviewed for ICML this year, of which the program committee accepted 1088 for presentation. You can access the reviews and meta-review of your paper by logging in to the **author console** at https://cmt3.research.microsoft.com/ICML2020/.

We truly appreciate the patience and flexibility of all authors during the review process this year during the **COVID**-19 **pandemic**. There were many difficult decisions we needed to make, and we know that some adversely affected some authors. Thank you for working with us, and being understanding.

This year, all papers accepted to ICML will have a **pre-recorded video talk** of 15 minutes. The talks will be made available to attendees prior to the conference, and authors will need to be available for two 45-minute-long **live chat** based **Q & A sessions** during the conference (July 14-16). Each of these two sessions will fall in a three hour window, with eleven hours separating the two three-hour windows: for instance, from 08:00-11:00 AM and again from 19:00-22:00 AM in your local time zone (though not necessarily on the same day). The detailed plan for how the ICML **virtual schedule** will work, and **rationale** behind the decision, is available at https://icml.cc/Conferences/2020/VirtualICMLSchedulePlan.

* * ACTION ITEM: Mark your **preferred time slot** for presentation: https://tinyurl.com/icml2020time (Deadline: June 8 AoE) * *

Because of the remote nature of the conference this year, when preparing your talk, please ensure that the first 3 minutes provide a **spotlight overview** of the work (akin to a poster session intro), before describing further details. You will be working with SlidesLive to record your talks; further details on this will be provided shortly.

* * ACTION ITEM: Please start working on your talk! The video submission deadline is June 15 AoE * *

A near camera-ready PDF version of your paper is due before the conference, for attendees to read. You will have the opportunity to update this version (if you like) after receiving **feedback** at the conference. The **final camera-ready version** of your paper is due Aug. 14 AoE after the conference. Further instructions on preparing the final paper and supplementary materials will be sent by email shortly: these will include instructions for formatting, and entering the author names, addresses, and affiliations.

* * ACTION ITEM: Start preparing your near camera-ready PDF, due on June 26 AoE * *

The **automatic withdrawal** by authors is now closed. Withdrawals of accepted papers can still be requested by emailing the program chairs by the time slot selection deadline of June 8 AoE.

We believe that we have an outstanding program this year. A **provisional schedule** will be posted soon at http://www.icml.cc/, and you can (hopefully) find answers to questions you may have at https://icml.cc/FAQ.

Congratulations again, and we look forward to seeing you online in July!

×××

ICML2020 Program Chairs

Microsoft Corporation

One Microsoft Way

Redmond, WA 98052

再来看一封 2020 年 ICML 会议的邀请函，请注意文中的黑体部分。

ICML 2020 Invitation Letter

Dear ×××,

You **are invited to participate in** the Thirty-seventh International Conference on Machine Learning. The Tutorials, Conference, and Workshops **will take place** Sun. July 12 through Sat. July 18, 2020 **at Virtual Conference Only**, Formerly Vienna, AT.

On behalf of the organization committee, we have the pleasure to invite you to attend the conference and **present** your paper or talk. ICML is the leading international machine learning conference. It is extraordinarily interdisciplinary, with contributions from many intellectual communities united by a common interest in the study of machine learning. Regularly updated information of the conference, the schedule, and the facilities is available at http://icml.cc/. **Your presence and contribution would be highly appreciated.**

We are delighted to inform you that your presentation(s) have been accepted: ××× (paper title).

The International Conference on Machine Learning is the leading international machine learning conference. **A detailed schedule of events and other information can be found at** https://icml.cc/.

All participants are ultimately responsible for all expenses related to the conference and are solely responsible for obtaining any required travel Visas to the host country. We authorize that this electronic version of the invitation letter can be used for visa purposes.

Sincerely,

×××

从会议网站的开通到接到/发出邀请函，国际学术投稿过程的语言服务的基本业务自此告一段落。

第三节　会议语言服务的综合技巧

科技口译与一般口译任务有着共同的专业素养要求,对语言功底要求高;同时对译者的专业知识积累有着较高的要求,如专业术语的翻译具有专业性,不可自取他法,几乎不可能通过现场的变通来解决,这就需要更充分的译前准备。

以援外翻译任务为例,虽然英语是援外翻译任务的工作语言,但实际上参加培训者来自非洲、美洲、亚洲的不同国家,英语水平参差不齐,有非常浓烈的地域口音;宗教背景、性别、年龄各异;受训内容不仅涉及科技,还涉及很多风俗文化;培训形式包括专题讲座和答疑讨论,语言和非语言因素对译者都是很大的挑战。

图 6.5　科技会议的翻译现场

会前准备工作主要包括:收集培训班学员的背景资料,如国别、级别、宗教信仰等;做好背景知识的调研和准备。其中最重要的是英语变体的语音听辨能力的训练;口译基础技能的训练;可以根据培训的主题,搜集资料,进行言意分离技能训练、意群切分技能训练、关键信息识别与浓缩技能训练,提前规划好主题相关的笔记方式。

译者要培养积极沟通的能力。在专家确定后一方面积极与其联络,争取尽早拿到相关资料,特别应在口译任务前尽量拿到将专家的讲座资料,根据讲座 PPT 的内容提前做好专业背景知识的准备;另一方面又不可太急躁,反复向专家催要材料会引起反感,成为合作的不利因素。在正式讲座前一天左右,应联系专家(或其助手)再次确定内容是否有变动,特别是在讲座内容结构和顺序安排上的变动;与专家确定讲座的基本流程、说明翻译的基本安排,如停顿时供翻译的合适时机、翻译结束后的示意等。口译员当天要提前到场,确认会务方场地安排合适,这些细心谨慎的提前准备能规避很多临场危机。

口译员还要培养强大的临场应急能力。例如，有的专家因为不熟悉双语讲座方式，可能在口译员还在翻译过程中，就把 PPT 翻到下一页提前准备，造成听众不能结合 PPT 相关图片理解内容；有的专家临时调整 PPT 的结构，使得口译员提前准备的材料顺序被打乱等；有的专家每说一句就停下来等着翻译，而实际上口译员并不是逐字逐句翻译，而是进行要点翻译；甚至有的专家突然心血来潮，临时讲授完全没有沟通过的新课程内容等。这些情况在专家看来可能是小事，但对口译员来说可能就是“灾难”。这都需要译者有坚实的专业功底和灵活应变能力去处理临场状况，更需要译者思维缜密、熟谙细节，做好完备的准备工作。

第七章　科技隐喻及其翻译

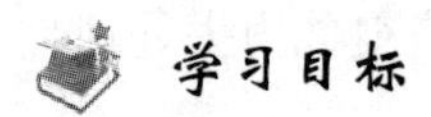

学习目标

本章将介绍科技翻译中的隐喻认知功能及科技隐喻的翻译。

第一节　隐喻与隐喻翻译

翻译练习

请尝试对以下隐喻习语进行翻译。

a bolt from the blue
talk of the devil and he's sure to appear
pour cold water on
walls have ears
wash one's hands of
child's play
pull one's leg
get under one's feet
walking skeleton
a blank check
between the devil and the deep blue sea
dropping buckets into empty wells
spill the beans
duck soup
cat's paw
strike while the iron is hot
add fuel to the flames
lion in the path
go with the stream
go in one ear and out the other
eat one's words
the beam in one's own eyes
get a leg in
have one's tail up
snake in the grass
the fifth wheel
albatross around one's neck
eager beaver
eat one's toads

一、隐喻习语翻译：正迁移

在隐喻习语的翻译和理解过程中可以激发多种认知机制。有的隐喻理解起来顺畅简单，也能快速找到汉语对等词的习语，如 a bolt from the blue 和 strike while the iron is hot。在理解它们的过程中激发了语言的迁移，通过正迁移，我们可以快速得到译文。

a bolt from the blue（晴天霹雳）

strike while the iron is hot（趁热打铁）

add fuel to the flames（火上浇油）

pour cold water on（泼冷水）

walls have ears（隔墙有耳）

go with the stream（随波逐流）

go in one ear and out the other（左耳进右耳出）

wash one's hands of（洗手不干）

talk of the devil and he's sure to appear（说曹操曹操到）

lion in the path（拦路虎）

虽然在内涵和表达上有细微的差异，但这些译文与原文是匹配的，如汉语中的"隔墙有耳"认为偷听者在墙的另一侧，而英文表达中 walls have ears 则认为偷听者就是墙本身。英文 talk of the devil and he's sure to appear 中出现的 devil 指魔鬼，而中文表达中的"曹操"则没有魔鬼所含的负面意义。

二、隐喻习语翻译：负迁移与规避负迁移

（一）负迁移

eat one's words（食言）

pull one's leg（拖后腿）

the beam in one's own eyes（眼中钉）

get under one's feet（被人踩在脚下）

get a leg in（插一腿）

walking skeleton（行尸走肉）

child's play（儿戏）

have one's tail up（翘尾巴）

a blank check（空头支票）

（二）规避负迁移

eat one's words（收回前言）

pull one's leg（开玩笑）

the beam in one's own eyes（自身缺点）

get under one's feet（阻碍某人）

get a leg in（得到信任，成为心腹）

walking skeleton（骨瘦如柴）

child's play（小儿科）

have one's tail up（振奋精神）

a blank check（空白支票、全权处理）

在理解和翻译以上隐喻时，译者同样借助母语进行翻译。他们看似"幸运"地

通过迁移快速找到了所谓的对等词。但实际上,这次激发的是负迁移,看似对等的隐喻实际上与真实译义大相径庭,甚至是完全相反的。

在隐喻翻译过程中,首先激发的是迁移机制。迁移作为外语理解首激发机制有其认知心理结构的深层动因。根据认知心理学可知,人类的认知过程由其认知结构决定。广义地说,认知结构是某一学习者的观念的全部内容和组织;狭义地说,它是学习者在某一特殊知识领域内的观念的内容和组织。在有意义的学习中,原有认知结构中如果存在起固定作用的观念,就会同化新知识;同时人们在认识与理解环境中有简化的趋势,当新知识与认知结构中原有的知识相似但不相同时,往往原有的知识倾向先入为主,新知识常常被理解为原有的知识,被原有的知识取代。这一点解释了迁移作为首激发机制的原因。认知结构中原先习得的概念和命题与新习得观念的可辨别性,则可以解释负迁移的原因。当新旧知识彼此相似又不完全相同,且原先学习的知识不牢固时,便会导致负迁移。

三、隐喻习语翻译:认知手段引出正确译文

如果无法在母语中找到相似的习语时,读者或译者就会根据自己对西方及本国语言文化的了解,依靠特有的思维方式和心理图式,采用类比、心理意象、引申等认知方法进行概念整合来理解此习语。当隐喻理解依赖人类共有的知识经验时,就能得到正确的理解和译文。

the fifth wheel(多余的人或物)

snake in the grass(潜在的危险)

between the devil and the deep blue sea(进退维谷)

spill the beans(泄露秘密)

dropping buckets into empty wells(做无用功)

以 spill the beans 为例,人脑被比喻成容器,容器中的内容物则是脑中的秘密,泼洒出来即泄露秘密,这是中英文附属文化均能理解的隐喻。类似的隐喻还有 let the cat out of the bag, a skeleton in the closet。

四、隐喻习语翻译:认知手段难以引出译文

当隐喻理解依赖的背景不为两种文化共享,则很难直接理解和翻译,需要借助调查研究。

albatross around one's neck(阻碍、负担)

eager beaver(干活特别卖力的人)

eat one's toads(拍马屁)

cat's paw(被利用的人或物)

duck soup(容易完成的任务)

例如 cat's paw 来源于拉·封丹的寓言《猴子与猫》火中取栗的故事，其中"猫爪子"表示被利用的人或物。而在练习中，有同学把 cat's paw 翻译为锋利、尖锐，这显然是基于个人对猫爪子属性的认知进行的猜测。从字面意来看，albatross around one's neck 更令人难以理解，更不用说准确翻译了。这个词来源于英国 18 世纪诗人塞缪尔·泰勒·柯勒律治的诗歌 *The Rime of the Ancient Mariner*（《老水手之歌》）。该作品描述了一位老船长因为射杀信天翁，他的船受到了诅咒，船员一个个死去，而他不得不把死去的信天翁绕在脖子上以拯救他的船。后来这个典故被用来比喻成功道路上的阻碍、负担。

以上不同类型的词组说明了外语隐喻习语理解和翻译的复杂认知过程，其理解机制的研究涉及语言学、心理学、神经科学等多学科。迁移是中国英语学习者在理解英语隐喻习语过程中的首激发机制：当某英语隐喻习语在汉语中具有字面对等词，两者享有同样的隐喻意象及内涵时，理解过程中会发生正迁移，帮助译者正确理解该习语；而当习语在汉语中拥有字面对等词而习语含义完全不同时，理解过程中来自母语的负迁移会干扰正确理解。在汉语中不具有字面对等词的隐喻，通过与汉语使用完全不同的表达方式来表达同一含义时，理解过程中将不会发生迁移。当无法在母语中找到相似习语时，由于文化的差异也难以产生类似的认知突显，译者会根据自己对西方及本国语言文化的了解，依靠本人特有的思维方式和心理图式，采用类比、心理意象、引申等方法进行概念整合来理解此习语。这一过程与源隐喻习语的构建过程和构建者意欲突显的认知相似性有关；理解过程正确与否则取决于译者的语言文化背景、民族、社团、个人图式及解构过程中的必然或偶发的相似性的认知突显等因素。

英语隐喻的理解路径模型如图 7.1 所示：

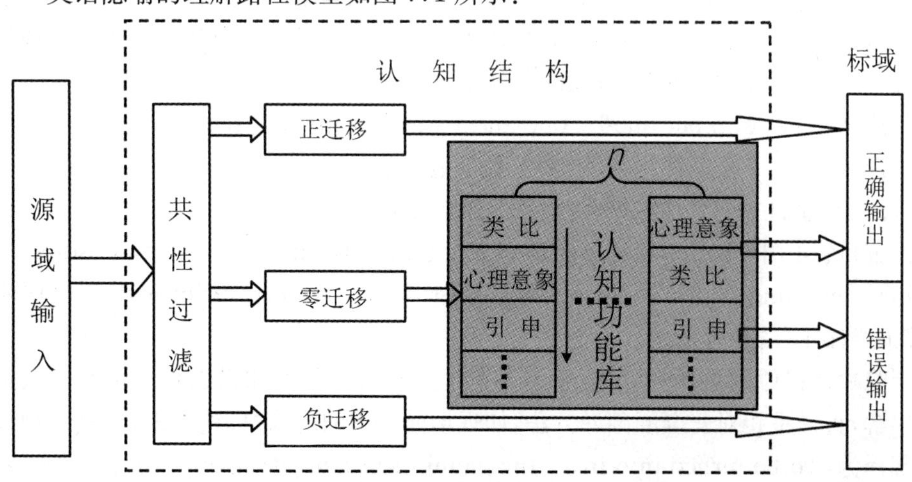

图 7.1　隐喻理解路径模型

由图 7.1 可知,译者首先对输入(隐喻)进行共性过滤,即对母语(或之前已习得语)和输入外语进行相同要素比对,如存在相同要素,则激发迁移机制。相同要素由字面和内涵两层内容构成。如果两种语言字面、内涵均对等,则正迁移被激发;如果两种语言字面对等、内涵不同,则负迁移被激发,结果分别得到正确和错误输出。迁移的发生不仅取决于语间差异,还受到个人认知水平、知识水平、学习态度等因素的有意识或无意识控制。如在认知结构框架中,未能找到母语与外语隐喻习语的共性特征,则不激发迁移机制,即由零迁移路径进入认知功能库(图中灰色底纹部分)。认知功能库与心理词库类似,储存了不同的认知策略。每个认知周期仅激发一项认知策略,各种认知策略的激活次序由个人认知结构决定(如图中首个认知周期激发的认知策略是类比,因为该策略在此认知功能库中优先于其他策略,如心理意象等)。一个周期完成时若无输出(即未得到习语理解结果),则进入新一轮认知周期,激发次优先认知策略。激发周期总数为 n 次($n \geqslant 1$),直至输出。对隐喻的理解输出可能正确,也可能错误,由译者的认知结构决定。

在翻译过程中,利用迁移找到对等词是第一译法选择,而当两种语言出现概念对应空缺时,也可进行意象转换,进行意译。

原文:首领的儿子落水后架座桥。(非洲俗语)

英译:They locked the barn door after the horse was stolen.

汉译:亡羊补牢。

原文:When my ship comes in, I'Il take a trip to Casablanca.

译文:当我的船进港时,我就到卡萨布兰卡去。

改后:我要是发了财,就到卡萨布兰卡去。

解析:句中的 when someone's ship comes in 是个隐喻,指满载贵重货物的船到达港口,货主从而可获高额利润(往往表达期望)。应译为“当某人变成富翁或事业发达时”,汉语的“发财”恰好反映了这个含义。

原文:They slip out one by one and I was left holding the baby.

译文:他们一个个都跑掉了,剩下我来抱孩子。

改后:他们一个个都跑掉了,剩下我来收拾这个烂摊子。

解析:句中的 be left holding the baby 含义为 to find oneself responsible for doing something which someone else has started and left unfinished,与汉语中“接下烂摊子”的意思一致。

隐喻翻译原则是,能保留隐喻则保留,不能则意译,但如果强行保留隐喻会造成误解,直译是相对安全的翻译方法,如现场演讲中的隐喻“打铁还需自身硬”被译者翻译为:To be turned into iron, the metal itself must be strong。于是各外媒对其有了不同的解读,例如 CNN 译为 To forge iron, one must be strong;英国每日电讯报则解读为 To forge iron, you need a strong hammer;最后新华社舍弃了其隐喻,将之翻译为 To address these problems, we must first of all conduct ourselves honorably,即"要解决这些问题,自己首先得身正",从而规避了隐喻误读可能造成的误解。

第二节　科技隐喻及其翻译

传统观点认为,隐喻是一种言语修辞格,是一个实体或事态用被视为适用于另一实体或事态的语词进行解说。随着人们对隐喻本质的研究,对其纯粹修辞学层面的理解逐渐深化为概念认知层面,即形式上的语言转换包含着概念认知转换的深层机制。该研究领域知名著作,乔治・莱考夫和马克・约翰逊所著的《我们赖以生存的隐喻》(*Metaphors We Live By*)中曾指出:

> Metaphor is pervasive in everyday life, not just in language but also in thought and action.(隐喻遍布日常生活,并不仅仅存在于语言中,同样在思维和日常行为中存在。)

莱考夫和约翰逊认为,我们赖以思考和行为的概念系统在本质上就是隐喻性的。例如,快乐是向上的,悲伤是向下的;爱被视为旅途,所以有诸如"他们的婚姻触礁了""他们的关系处于十字路口""我们的关系回到了正轨"这样的表达;生命同样被视作旅途,所以生命有开始和结束,有起起伏伏。人的大脑被视作一个容器,而其中的思想被视作内容物,所以在前一节的翻译练习中,spill the beans 意为泄露秘密,因为脑子被喻为容纳豆子的容器,秘密则被喻为豆子。愤怒被视为火和气,汉语中可表达为怒气、火冒三丈;英语中可表达如 hit the ceiling, get hot under the collar, get steamed up。与汉语"灵光一现"等类似,英语中用"闪光"来比喻思维的涌现,如"It dawned on me that"(我突然想到),"shed light on"(启示)。

科学是客观的,科学领域的写作较少出现诸如比喻、拟人等修辞手法,这是人们普遍认同的观点。因此,是否存在科学隐喻是科学家和科学哲学家共同关注的一个焦点问题。西方哲学第一位隐喻反对者是柏拉图,但是他的重要哲学思想有很多是以隐喻的方式表述的。实际上,反对科学隐喻是因为人们的惯性思维:一方面,人们不愿意放弃数学与自然科学作为一种严格的、客观知识的特异性和独立性地位;另一方面,对科学隐喻的理解不够深刻和全面。实际上,科学中存在大量的隐喻,因为隐喻同样是理解科学问题,特别是理解科学新发现、表达科学理论的重要手段。

1963年,美国物理学家默里·盖尔曼在为假想粒子夸克(比原子更小的基本粒子)命名时,苦苦思索,偶然在乔伊斯小说《芬尼根守夜人》中读到"three quarks for Muster Mask"。由于假想粒子也是三个一组,因此将其命名为quark,根据单位一般采用音译的原则,在中文中被译为夸克。另一个例子是布朗运动。布朗运动是指悬浮在液体或气体中的微粒所做的永不停息的无规则运动,由英国植物学家布朗发现而得名。最早布朗将其命名为"tarantella",指一种蜘蛛,后衍生为塔朗特舞(音译),因这种蜘蛛毒性大,被咬后人会出现癫狂舞蹈的症状。

科技隐喻一般都是旧词新意,翻译的时候需要根据专业领域,进行合适的语义选择。如withdrawal在战争场景中表示撤退,在金融领域表示取款,如果出现在与毒品相关的领域,则表示戒毒脱瘾过程。rendezvous的日常含义为会面,在航空领域则可表示宇宙飞船会合。计算机学科发展过程中从传统学科引入很多表述,形成隐喻术语。例如,生物学领域概念被大量引入计算机领域,antidote表示计算机抗病毒程序;virus表示病毒;vaccine表示抗电脑病毒软件。computer一词的字面隐喻是计算者,但是在翻译为中文后,隐喻进行了转化,将之喻为人脑,即"电脑"使用了人脑的隐喻;内存使用了memory一词。此外,在该学科领域还大量存在其他相关的丰富隐喻,如host(主机),firewall(防火墙),windows(视窗),mouse(鼠标),information highway(信息高速公路),bootstrap(提靴带,靴子边上的套环帮助穿靴子,意指在计算机科学中表示建立某种路径的辅助程序,引导程序或指令)。

在翻译科学隐喻时,由于人类认知的相似性,可以保留隐喻,以保留英语文化特色,从而丰富汉语表达能力,反之亦然。例如隐喻mother machine可译为工作母机;electron gun可译为电子枪,light pulses可译为光脉冲。但这种隐喻的保留与否也要遵从约定俗成的传统,例如sister metal一般被译为同类型金属,即使保留sister的隐喻用法,我们也会按照汉语的传统进行翻译,如sister cities被译为兄弟城市而不是姐妹城市。baby check valve被译为小型单向阀而非婴儿单向阀,因为后者在汉语中显得很怪异;dog course被译为追踪航线,按照其功能进行了翻译,隐喻被舍弃,而代之以功能解释;grass-hopper conveyor可译为跳跃式运输机而非蚂蚱运输机。这类英译汉的翻译可能是因为在使用动物隐喻的翻译语言时,避免其汉语译文被认为过于趣味性,从而破坏科技文献的严肃风格。

字母、形状隐喻在科技领域需要按照专业约定俗成的习惯,直接借用或者意译。直接借用如T恤衫的翻译,其他形状隐喻的意译如:

I-beam(工字梁)　　V-belt(三角皮带)

U-steel(马蹄钢)　　Twist drill(麻花钻)

X-brace(交叉支撑)　　U turn(车辆调头处)

科技翻译的中英文对比还可参见下例。

例：Seems like forever ago, but we finally got to **feast** our eyes on the apparently unseeable back in April 2019, when this incredible image of a supermassive black hole was first released. Of course, we can't actually "see" the black hole, because, as any 6-year-old will happily tell you, black holes have **a habit of sucking up** light. What the picture does show, however, is an asymmetric ring, known as the black hole's shadow, of superheated gas **swirling around** the black hole's event horizon—that boundary beyond which light cannot **escape**.

译文：2019 年 4 月，这张超大型黑洞的图像首次发布，一切恍如隔世，但我们终于得以对这个显然看不见的天体**一饱眼福**。当然，实际上我们不能"看见"黑洞，因为任何一个 6 岁的儿童都会乐此不疲地告诉你，黑洞**会吞噬**光线。但图像确实显示出一个不对称的光环，这就是我们所知的黑洞阴影，过热气体在黑洞的事件视界周围**旋转**，光线无法**越过**这个视界。

第八章　科技翻译中的非语言因素

学习目标

本章将介绍科技翻译中的非语言因素，如文化差异、逻辑差异的影响，提升相应翻译能力。

第一节　科技翻译的文化因素

翻译被认为既是一门艺术，也是一门科学。传统观点认为，文学翻译的艺术成分多一些，科技翻译的科学成分多一些；科技翻译能供人们自由发挥的空间较少，文化观念的冲突、价值判断和伦理内容较少。这是因为，科技文献是正式文体，是客观的、科学性的，而不是体现个人风格的文献。例如，一般认为，即使作者不同，作者的国籍不同，文化不同，就同一研究课题撰写的论文写作风格，并不会有太大的不同，因为其中文化因素的影响非常小。

但事实上，科技翻译不仅仅是个语言问题（词汇、语法、修辞等），它还牵涉到非语言因素，如文化、政治、社会等。例如，有境外媒体将医学术语"新冠病毒"冠以"武汉""中国"之名，是对事实的歧视性歪曲，早在 2015 年世界卫生组织就提出病毒命名应避免对区域的污名化这一命名原则。再如珠穆朗玛峰的英文名，西方国家依据最早征服者命名，使用 Mt. Everest，而早在 2002 年《人民日报》就发表文章，认为西方国家使用的 Mt. Everest 应当正名为藏语音译的 Qomolangma，因为西方国家使用其名称前 280 年，中国的地图上就已经以珠穆朗玛命名该地。这些中英文术语的博弈，无不体现了非语言因素对科技翻译的影响。

文化的影响是无所不在的，不同的文化导致了不同的世界观、价值观和思维方式，人们之间的交流方式也受到文化的影响，而科技交流无疑也属于人类交流的内容之一。科技交流真的能成为净土，不受文化差异的影响吗？下面将以真实的案例来进行说明。

翻译案例解析

一篇研究日常抓握行为中人手协调功能的生物力学特征的论文，在发表后引起了国际学界的争议，一些科学家群起攻之，认为其论文简直是一个“大笑话(absolute joke of a journal)”，被攻击的一些表述主要包括以下几点。

原文：The explicit functional link indicates that the biomechanical characteristic of tendinous connective architecture between muscles and articulations is the proper design by the Creator to perform a multitude of daily tasks in a comfortable way.

译文：明晰的功能链接证明了连接肌肉和关节的肌腱结构生物力学特征是大自然的精妙设计，使得手可以以舒适的方式完成大量日常动作。

原文：Thus, hand coordination affords humans the ability to flexibly and comfortably control the complex structure to perform numerous tasks. Hand coordination should indicate the mystery of the Creator's invention.

译文：因此，手的协调功能使得人类可以灵活舒适地控制其复杂的结构，从而完成大量的手部动作。手的协调性可以认为是展现了造物主的神奇之处。

原文：In conclusion, our study can improve the understanding of the human hand and confirm that the mechanical architecture is the proper design by the Creator for dexterous performance of numerous functions following the evolutionary remodeling of the ancestral hand for millions of years. Moreover, functional explanations for the mechanical architecture of the muscular-articular connection of the human hand can also aid in developing multifunctional robotic hands by designing them with similar basic architecture.

译文：总之，我们的研究可以提升人们对人手的了解，进一步证明了手的力学结构是巧夺天工的进化产物，是人类祖先的手经过数百万年进化改造，最终可以灵活地实现多重功能。此外，对手的肌肉关节连接生物力学特征的功能解释可以协助设计开发具有类似结构的多功能机器人手。

解析：在这些表达中，Creator 一词被重复使用，国际学界广泛认为其是宣扬神创论思想。但是其译文造物主，在中文中的使用也不算太过突兀。实际上，汉语中也有很多类似表达，如“造物主创造了神奇的大自然”“巧夺天工”“天衣无缝”。这些表达在中国文化中指的是大自然(the NATURE, result of evolution)，造物主和天代表的是大自然的规律，并没有特殊的宗教含义。

正因为此，作者在回复这些争议时，如下解释道：

原文：We are sorry for drawing the debates about creationism. Our study has no relationship with creationism. English is not our native language. Our understanding of the word Creator was not actually as a native English speaker expected. Now we realized that we had misunderstood the word Creator. What we would like to express is that the biomechanical characteristic of tendinous connective architecture between muscles and articulations is a proper design by the NATURE (that is, result of evolution) to perform a multitude of daily grasping tasks. We will change the Creator to nature in the revised manuscript.

译文:很抱歉我们的表达引起了关于神创论的争议。我们的研究与神创论无关。英语并非我们的母语,我们对造物主一词的理解实际上与英语为母语者的理解并不一致。现在,我们认识到我们误解了这个词。我们实际上想要表达的是肌肉和关节肌腱连接结构的生物力学特征是大自然(进化的结果)的精确设计,可以完成大量日常抓握动作。我们将在修改稿中把造物主一词换成大自然。

然而,这一解释也未让期刊编辑和读者满意,最终还是惨遭撤稿。

科技翻译领域另外一个典型的案例是语言表达上的文化差异,比如在一篇文献的国际期刊投稿过程中,其中一位论文审稿人提出了这样的建议:

原文:etc. is being used frequently in the paper. I would suggest coming up with more or less an exhaustive list, and remove etc.

译文:"等等"一词在文中使用过于频繁,为何不扩充列表,避免使用"等等"一词呢?

这则审稿意见看似是语言问题,但深入探究我们会发现它同样体现了文化差异:作者其实已经在文中进行了详细列举,但因为中国的文化背景,作者因为担心文中的列举仍不够全面,为给自己留有余地,才加一个"等等"以表达一种谦虚谨慎的态度,没想到在学术领域,这种谦虚并不严谨,且无必要。

按照汉语表达习惯,科技论文中可以用一些描述性词语如"大量实验、重要成果、效果显著",英文表达中却少用或不用描述性词语以及具有抒情作用的副词、感叹词和疑问词,避免使用加强语言感染力和宣传效果的修辞如夸张等,以免行文浮夸、内容虚饰,失去精确平实的科技惯用文风。例如,在一篇投稿论文中,审稿人特别指出作者使用的"Extensive experiments"这一表述,应该删除"Extensive"一词,让读者根据实验事实去判断是否为大量的实验。

在科技翻译史的梳理中,我们了解到最早的科技翻译见于宗教文献中,因为里面涉及了天文、地理、化学等知识。而其翻译历史上,同样因为涉及道德伦理问题,出现过受文化影响的不忠实翻译情况。例如明清时期的《圣经》译文中,有如下案例。

原文:Do not suppose I have come to bring peace to the earth. I did not come to bring peace, but a sword. For I have come to turn a man against his father, a daughter against her mother, a daughter-in-law against her mother-in-law—a man's enemies will be members of his own household. Anyone who loves his father or mother more than me is not worthy of me; anyone who loves his son or daughter more than me is not worthy of me ...

译文：你们不要想我来，是叫地上太平。我来并不是叫地上太平，乃是叫地上动刀兵。因为我来，是叫人与父亲生疏，女儿与母亲生疏，媳妇与婆婆生疏。人的仇敌，就是自己家里的人。爱父母过于爱我的，不配作我的门徒，爱儿女过于爱我的，不配作我的门徒……

艾儒略的译文中这一段被删除了。这是当时传教会士对中国儒家传统伦理思想“父慈子孝”理念采取了屈从适应的策略。后来，与中国文化相冲突的地方逐步介绍，现在的《圣经》译本中已经没有类似删节了。

科技翻译中同样可能出现涉及敏感话题，如在软件本地化过程中，如果英文是“in the following countries”，那在翻译的时候就要格外注意，例如当台湾在列时，译文要随之改译为：“在以下国家和地区。”还可见于如下场景中：

例：If any technical official needs supplies, he should contact the venue manager who should do his best to meet reasonable requests.

这句话使用了“his”指代第三人称单数，在女性主义观点中，这是一种性别歧视，其他类似的例子如 chairman。处理这一现象的方法是，避免使用男性的代词来指代第三人称单数，如将 chairman 改为 chairperson；上句中的 his 改为 his or her。在其他情景中，还可以使用 one，或者直接使用复数 they 来规避这一可能的敏感话题。

例：China is entitled to the Most Favored Nation treatment, which is granted to all the member countries.

这句话的敏感之处在于，WTO 成员并不全都是国家，其中不乏存在领土争议的地区，所以翻译的时候，要将“所有的成员国家”改为“所有的成员”，如果是汉译英，则英语使用“to all WTO members”。

因此，即使是专门从事科技翻译的译者，也非常需要了解相关文化知识，以规避因文化差异造成的科技交流障碍甚至是误解。例如在新闻发布会上，中国的主持人热情招呼：“新闻界的朋友们！”此时若翻译成 Friends from the press，可能被误解为拉拢新闻界，可以翻译成 Ladies and gentlemen from the press，这样更加谨慎，也可以避免被误解。

专题

爱德华·霍尔的高语境文化和低语境文化理论

爱德华·霍尔以沟通情境在沟通中所起的作用将文化区分为高语境文化和低语境文化两类。这两类语境的区分维度包括：社会规范(Social bonds)、责任(Responsibility)、承诺(Commitment)、冲突(Confrontation)、交际方式(Communication)和应对新情境(Dealing with new situation)。高语境文化中人们彼此关联，关系亲密，社会存在鲜明的层级划分，个人情感一般被深藏压抑，信息以含蓄而简单的方式表达出来，重视隐性知识，该文化下多产生直觉型思考者；低语境文化者则以个性化为特征，强调显性知识，沟通方式直白，管理模式上强调规则，对错误容忍度高，该文化下多产生分析型思考者。此维度划分的影响力主要体现在不同语境文化对思维模式、行为方式的影响上。

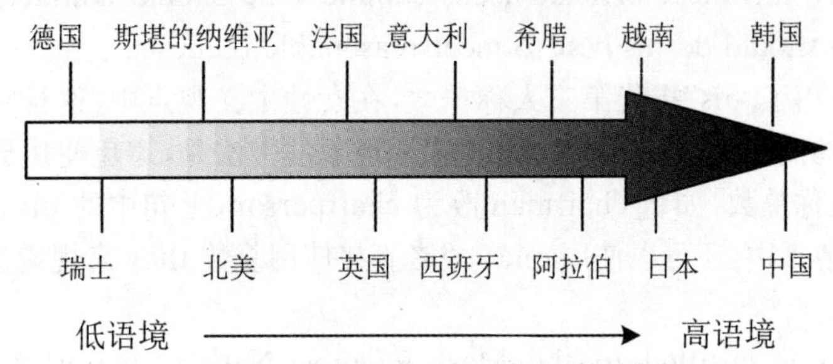

图 8.1　高低语境文化国家和地区排序

玛丽·奥哈拉·德弗罗和罗伯特·约翰森根据高低语境文化维度特征和强度，对不同国家和地区进行了排序，结果如图 8.1 所示。由图 8.1 可以看出，中国人属于高语境文化的突出代表，德国人则排在低语境文化的顶端。东亚国家多属于高语境文化，而北欧、北美则多位于低语境文化之列。

大韩航空公司曾发生过一起空难，其缘由能体现出高低语境文化差异。1997 年 8 月 5 日，大韩航空 801 航班从金浦机场飞往关岛机场降落时，撞毁在附近的尼米兹山脉，200 多人身亡。事故调查认为是技术失误、恶劣的天气和驾驶舱人为因素共同导致飞机失事。但是对飞行录音记录的研究则揭示出高语境文化下的沟通方式，也是这次飞行事故的导火索之一。在飞机坠毁前的关键时刻，飞机副机长提出："是不是下雨了？"在低语境文化下，这只是一个关于天气的日常交流，是对天气的询问，甚至是毫无意义的寒暄语。但考虑到韩国的高语境文化特征，在当时的语境下，这句话实际暗含的意思可能包括："外面在下雨，天气很差，漆黑一片，能见度低，跑道射灯又已关闭。机长要求执行目测着陆，却没有按照飞行规定给出备选方案。在穿越云层时可能会看不清跑道，为防止着陆失败，是否需要确定备选方案?”这是高语境文化中应表达的充分信息。在飞机突破云层后，负责气候监测的飞行工程师，也提示机长:“今天，气候雷达给我们提供了很大帮助。”在低语境文化下，这是一句对事物的正面评论，而在韩国的高语境文化氛围中，当时飞行工程师想要表达的意思可能是:“今晚不适合进行目测着陆，天气雷达监测显示前方有危险!”在正常交流场景中，这种高语境对话隐含的意义，是可以被高语境文化附着人群认同并理解的，但是需要聆听者敏感且用心地解析其背后共有的隐性信息。然而，当天分外疲劳的机长，没能进行有效的聆听及沟通，导致了空难悲剧的发生。

沟通模式差异的另一方面表现为对显性和隐性信息的要求上。高语境文化对语言层面的显性信息表述要求相对较低，更多依赖于语境和交流双方的意会，因此表现出简洁、快速和有效的特征。对隐性信息的依赖使得其交流加工非常复杂，成功的交流取决于双方共同的背景知识，例如如何整合隐性信息决定了沟通中哪些信息是关键，应该被感知。这样可以使内群体间交流简洁高效，但也可能造成与外群体交流不畅。而低语境文化下的交流对显性语言表述要求高，要求清晰、准确而详尽，因此交流过程对外群体的内在要求相对较低。

第二节 科技翻译的逻辑问题

在前文探讨中英文形合与意合的差异时，已简要概述逻辑问题。它是困扰中国科技工作者和科技翻译者的一个难题，对逻辑差异的忽视可能造成国际科技交流失败，如论文投稿失败等。逻辑的差异从广义上讲也是文化差异的一种体现，本节将结合科技交流的案例，聚焦科技交流中语义辨认和语法分析之外的逻辑差异解决方案。

例:The election system is such that such a large majority ordinarily cannot be attained on a major law unless at least a large part of the three major groups—business, agriculture, and labor—support it.

译文:除非某项重大议案获得商业、农业和劳工三大社会集团中至少大部分人的支持，否则这项议案通常也不可能获得多数票，这就是所谓的选举制。

解析:将英语长句拆分,按照汉语习惯重新调整语序,从而符合汉语表达的逻辑顺序;句尾用外位语,表示结论。逻辑调整的依据是语言习惯,英语一般可以接受的逻辑顺序是结论在前,前提在后;结论在前,条件在后;结果在前,原因在后;议题在前,背景在后。翻译时可以按照汉语表达的逻辑习惯进行顺序调整。

以上案例的逻辑翻译问题,影响的是表达的顺畅与否。翻译过程中,逻辑是判断和解决语言理解和表达的另一非语言因素,主要包括对原文语言思维逻辑的判断和译文技术逻辑的判断。在科技文献中,有时候逻辑问题在常识能理解的范围之外,是影响技术表达严谨程度和正误的关键。

苏联语言学家巴尔胡达罗夫曾举过这样一个例子:John is in the pen 中的 pen 不能译为笔,而只能译为 pen 的另一个意思——牲口圈,因为"人在钢笔里"是不合理的。在这个例子中,事理就是逻辑。人们理所当然地认为不会犯这种逻辑错误,却常常忽略了很多科学问题的逻辑并不如"钢笔和牲口圈"这个案例浅显易懂,反而需要大量专业知识来理解。这一点对于专业知识不足的科技译者来说难度很大。

例:Summary must be a condensed version of body of the report, written in language understandable by those members of mine management who may not be specialists in the field of rock testing, but who are nonetheless responsible for the work.

译文1:概要必须是报告的压缩版本,要以矿山管理部门人员能够理解的语言编写,这些人虽不是岩石试验方面的专家,但他们对这方面的工作负责。

解析:句中有两个"who"引导的定语从句,第一个可以看作表示原因的状语从句,第二个是非限制性定语从句,对先行词进行补充说明,but 不是单纯的转折,而是和第一个从句中的 not 呼应,意思是"而是"或"只是"。仅仅从语义辩认和语法分析无法解析,只能结合上下文等背景知识来辨析句中逻辑。

译文2:概要必须是报告的压缩版本,要以矿山管理部门人员能够理解的语言编写;他们虽然负责岩石试验工作,但不是这方面的专家。

例:Shortly before the uninhabited space station reached orbit in May 1973, aerodynamic pressure ripped off a meteoroid and heat shield.

译文1:在1973年5月无人空间站到达轨道前不久,空气动力压力扯破了一个流星体和挡热板。

译文2:在1973年5月无人空间站到达轨道前不久,空气动力压力扯破了一个用来防流星体和防热的护罩。

解析:首先,从逻辑上看,"空气动力压力扯破了一个流星体"是不合事理、荒谬可笑的。其次,从语言上看,不定冠词 a 是说明 shield 的,而非说明 meteoroid 的,否则无法解释在名词 shield 之前为何没有冠词。通过逻辑分析和语言分析可以得出,名词 meteoroid 和名词 heat 都是名词 shield 的定语。A meteoroid and heat shield 的意思是"一个防流星体和防热的护罩"。

下文以会议论文的回复为例,进一步剖析英汉的表达逻辑差异及其在语言中的表现。特别需要注意,由于是会议审稿的回复,有字数的严格限制,因此对语言的精练程度要求极高。

审稿人:The considered problem is specialized.

作者:We agree that only a special type of projection problem is considered. On the one hand, this projection problem is not scarce in machine learning. Meanwhile, some other machine learning problems can also be transformed into L constrained optimization problem. On the other hand, we hope that the exploitation of second-order information in our procedure can provide insights into other potential optimization problems in machine learning.

解析:从这一段可以看出,作者对英汉差异有所了解,特意使用了系列标记逻辑的关联词,如 on the one hand, on the other hand, meanwhile。但是,仔细研读可以发现,作者的逻辑意图是:审稿人的观点虽然正确,但是我们的问题并不算罕见,实际上很多机器学习问题都可转化为此类问题,而我们的研究将为解决此类优化问题提供思路。作者实际上表达出的逻辑是:我们同意审稿人的观点,一方面这个问题在机器学习中并不罕见。同时,其他一些机器学习问题可以转化为此类优化问题。另一方面,我们希望能为解决此类优化问题提供思路。虽然作者使用了系列的关联词语,但全段的逻辑并没有清晰表达出来。此外,会议论文的回复,对字数有严格要求,该段写作也略显冗长,可以在考虑逻辑的同时,对句子进行重组。

改后:We agree that the considered problem is specialized yet not scarce in machine learning. Actually, some other machine learning problems can also be transformed into L constrained optimization problem. Hopefully, the exploitation of second-order information in our procedure will provide insights into other potential optimization problems in machine learning.

审稿人:The word "cumber".

作者:We will use "hinder" in the revised version.

解析:这个回复没有语法错误,但不够精练,可以修改为 We will use "hinder" instead. 这样更加精确表达出"接受建议、替换"的功能。

审稿人:The small plots in Figure 2.

作者:Sorry, we ignored the x-axis font size. We will export a higher-quality figure and use it in the revised version. In addition, we used linear scale on the y-axis in order to make it easier for the readers to estimate the acceleration effect of our algorithm.

解析:在这一节对话中,审稿人认为图 2 太小。作者沿袭了论文回复的写作范式,先道歉,指出忽略了 x 轴的字体太小,然后提出修改意见:导出高质量新图。然后作者使用 in addition 引申,阐释了其 y 轴的意图。如果说前半部分的逻辑虽然对于惜字如金的回复信来说略显啰嗦,却还是依循了可以理解的审稿回复范式,后半部分则是出其不意,使用引申的关联词让人期待其进一步修订方案,表面的逻辑是与前半部分的 x 轴修改方案形成对比和递进,因为审稿人实际上指出的问题在于 x 轴字太小,作者进一步优化该图,不仅修改了 x 轴,还强调了 y 轴绘制修订方案。但是从时态过去时的使用,结合作者自述可知,实际的逻辑是解释初稿绘制的意图,起解释作用,而不是引申作用。这样的回复信写作方法可以说是受高语境文化影响的典型。

在对回复进行修改时,为了节省字符,可以先直接给出修改方案;其次,指出将导出更高清晰的图。use 这样并不精确的动词,可以考虑删除,避免并列结构的冗长感; y 轴这一信息表达逻辑混乱,可能造成审稿人的困惑,用词也比较啰嗦,需要调整语序表达真实意图,因此可修改如下:

改后: We will enlarge the x-axis font size and export a higher-quality figure. For the y-axis, we will keep the linear scale to highlight the acceleration effect of our algorithm.

例:In addition to the averaged mALRa, in order to highlight the statistical significance between each comparison method with our RapNets, we use ANOVA to compute the P value between the group of 50 mALRa values achieved by the comparison method and that achieved by our RapNets. Besides, we also compare the absolute classification accuracy Acc between different methods.

解析:本段第四行中 that 的用法错误,其对应的是前文的 values,作者虽然表现出了对中英文表达差异的认识,即对比的内容应该是平行的,但是却忽略了单复数问题,因此应该改为 those。第四行末的 besides 表达的意思是“而且、此外”,但是却是具有让步性质的引申逻辑,相当于汉语的“再说了”,放在此处表达的逻辑有误,应改为 furthermore 或 moreover。

第三节　专业知识的重要性

科技翻译过程，语言和常识可以解决一些理解和表达问题，专业知识在科技翻译中同样是至关重要的，是选词和理解原文的重要依据。

例：The explicit functional link indicates that the biomechanical characteristic of tendinous connective architecture between muscles and articulations is the proper design by the Creator to perform a multitude of daily tasks in a comfortable way.

译文：明晰的功能链接证明了连接肌肉和关节的肌腱结构的生物力学特征是大自然的精妙设计，使得手可以以舒适的方式完成大量日常动作。

解析：这里的 architecture 和 articulation 两个词，需要从专业领域去思考其含义，分别为“结构”和“关节”，而非日常用语中的“建筑”和“发音清晰”。

例：Massless particles, including photons, the quanta of electromagnetic radiation, and others, were mentioned in Section 8-8.

译文 1：没有质量的粒子，包括光子、电磁辐射的量子等，已在 8-8 节有所叙述。

解析：光子（又称光量子）就是电磁辐射的量子。因此，原文中的 the quanta of electromagnetic radiation 应是 photons 的同位语，而不是它的并列成分。

译文 2：没有质量的粒子，包括光子（即电磁辐射的量子）等，已在 8-8 节有所叙述。

例：If the electron flow takes place in a vacuum, as in the case of electronic valve, the electrons will travel at considerable speed, since little resistance is offered by the medium.

译文 1：如果电子在真空里流动，如电子真空管，那么电子的运行速度非常快，因为介质对电子几乎不产生什么阻力。

解析：该句描述的是电子在真空中的流动，真空中是几乎没有空气的。原文中的“medium”指的是真空。因此，在翻译时应更深一步挖掘出原文内涵，将 medium 进一步具体化。

译文 2：如果电子在真空里流动，如电子真空管，那么电子的运行速度非常快，因为几乎没有空气对电子流动产生阻力/因其间几乎不产生阻力。

例：这些建筑特征会根据气候、习俗、时间以及意料之外的情况进行调整和修改，比如，各间面阔，中为庭院，重要房间朝南，建筑物以中轴线对称分布，以木、梁架结构支撑屋顶，依据风水来确定房屋的构造和方位等。

译文 1：Those characteristics, which were tweaked and modified in accordance with climates, customs, times, and unexpected circumstances, include a central courtyard onto which all rooms face; a preference for significant spaces to face south; laterally symmetric buildings with an odd number of bays; a timber-frame column-and-beam wooden structure supporting the roof; and orientation and construction of a building determined in accordance with fengshui (geomantic) principles.

解析：这里提到的面阔是一个专业术语，是中国建筑中的一个专用名词，是用以度量建筑物平面宽度的单位。中国古代建筑把相邻两榀屋架之间的空间称为间，间的宽度称为面阔，英译为 facial width，本段未能正确译出。

以下以一篇管理学领域的部分论文内容进行中英文对比案例解析，从中可以看出中英文的差异不仅体现在语言上，还体现在专业知识、文化、社会、政治乃至思维方式上。

例句 1：校院两级工作体制是中国大陆高校学生事务管理的特点。

译文：Student affairs administration in Chinese universities is characterized by a dual-layer system of governance, with student affairs practitioners, i. e. advisors to students, being supervised by either central university administration or by affiliated colleges.

解析：这句话里的难点在于，校院两级工作体制是极具汉语特色的表达，翻译时需要将具体的信息补足，符合英语对详尽信息的要求。

例句 2：高校辅导员的地位与待遇不高、队伍稳定性不强是一直没有解决的问题。

译文：However, these positions were met with challenges of low professional recognition among other university positions, discouragingly low pay, and high turnover rate, among others.

解析：这里需要关注的点是队伍稳定性不强，一般译者会想到 unstable team，但实际上英文中有约定俗成的(即 idiomatic)说法“high turnover rate”。

例句 3：中国大学大规模扩招始于 1998 年，到 2005 年，大学生毛入学率已经从 1997 年的 9%提高到 21%，实现了高等教育的大众化。

译文：Large-scaled enrollment expansion in China began in 1998, and by 2005, admission rate reached 21%, compared to 9% in 1997. This marked the massification of higher education in China.

解析：这句话中的大众化一词，译者在原稿中使用 popularization 一词，审稿人指出，考虑到比例涨幅较大，所以改用更加精确的词 massification。

例句 4:学习西方国家的传统,至今仍发展和保留班级制度是当代中国大学生活的一个特征。通常,所有学生入学时按学院或专业分到一个班级,每个班级学生一般有 30～50 名不等。为便于指导和管理,每个辅导员负责数量不等的班级,负责学生 150～200 名。

译文:The development of class system is a unique feature of early American college life. In the earliest days, all students who entered the university at the time were considered members of a single "class" (equivalent to "cohort" as used nowadays in the west) and continued so for instructional and administrative purposes throughout their college career. Chinese universities follow a similar practice except students who enter at the same time are further organized and managed in groups of about 30 to 50 students based on their major discipline. Each advisor would take charge of several such groups, usually totaling 150 to 200 students.

解析:译文中对中英社会差异造成的知识鸿沟进行了"填充"。班级在词典中对应的英文单词为 class,但实际上这两词含义并不相同,因此译文对该词进行了溯源和差异阐释,从而规避了可能造成的理解误差。

例句 5: 当前,中国高校对高校辅导员应有的专业背景在实践中还没有形成共识,代表性的意见主要有三种:专业淡化论、人文社科论、学生专业对口论。

译文: Universities in China currently fail to reach a consensus on the professional background that an advisor should possess, and three representative views co-exist as proposed by Chen and Zhu (2014) based on their investigations: (1) the professional background is not important at all; (2) the advisors should have a degree in humanities and social sciences, and (3) their major should be consistent with the students they give advice to.

解析:例句中的难点在于汉语特色的表达,即抽象化的凝练表达,翻译时需要符合英文语言环境,对信息进行细节上的补足。

例句 6:在中国,高校辅导员既是教师,又是管理人员;既可以按教师专业技术职务系列进行晋升,也可以按行政管理职级系列晋升。这种双重职业发展阶梯的制度设计,一是希望通过良好的政策环境和完善的制度安排吸引更多优秀人才进入高校辅导员队伍;二是避免了单一路径所带来的职业发展困境,体现了国家充分尊重辅导员的多元发展需求,以期能稳定队伍,凝聚人心。

译文: In universities in China, advisors are either faculty members or administrative staff. Therefore, they can flexibly choose their promotion track. Such flexible career track aims to appeal to more staff. It is hoped that the two options could help avoid career impediments, and show that the goal of the government is to keep a stable job market and a harmonious team.

解析:在本段高校职级序列中,约定俗成的专业术语的应用也是汉译英需要注意的地方。

例句7:……成为高等教育体系的有机组成部分,获得专业成长的自为空间和自主话语。

译文:...becomes truly an internal and organic part of the higher education, hence acquiring more developing space and stronger voice in the field.

解析:例句中的"自为空间和自主话语"是典型的四字格,而英文版本则更加"接地气"地对其进行了解释。

例句8:(1)制定或修订高校辅导员工作专业标准和高校辅导员专业胜任力标准;(2)就高校辅导员继续教育提供专业建议;(3)组织开展辅导员工作的重大理论和实践问题研究;(4)组织开展学生事务工作的专业评估等。

译文:(1) To enact or modify professional standards and qualifications; (2) to provide professional advice for professional development; (3) to organize and undertake theoretical and practical research; and (4) to assess and evaluate student affairs practices.

解析:本句译文主要考虑的是对例句的专业表达。

翻译案例解析

原文:贵州省位于中国西南边陲,拥有98%的山地和丘陵,其特殊的地理地貌,造就了贵州区域独特的历史文化环境:一方面,封闭和隔阻造成了贵州经济的长期贫瘠和自给自足;另一方面,在相对封闭环境下,49个民族(其中有17个世居民族)在混杂和相互迁徙中,形成"大杂居""小聚居"的文化分布格局。同时,在彼此伴生的过程中,各民族又保持了各自文化的内部传承式的发展,形成了典型的由局部"文化孤岛"组成的"文化千岛"现象。贵州区域文化"多元共生"的特点,可以描述为以"杂"取胜,杂中又有鲜明个性的共生,由此保存下来丰富珍贵的文化遗产,在中国文化大系统中形成贵州活态而多元的特色性物质与精神文化财富。

译文与解析:Guizhou is a province within the People's Republic of China, located in the southwestern part of the country. It possesses a unique regional culture stemming from the geographical configuration, where hills and mountains cover 98% of the local area. The hills and mountains blocked regional development, and subsequently caused an underdevelopment of the region.(拆句后重组信息,中文从具体到概括,英文则是先综述特征再举例说明)

This promoted a sort of striving towards self-sufficiency for a long time. Being cut off from the outside world, the 49 minority groups in the area (with 17 native groups) frequently communicated and interacted among themselves, hence forming a mixed regional culture, while each maintaining their own identities.(并未直接将一方面和另一方面翻译成 on the one hand, on the other hand;后半部分根据句意,以语法手段将暗示的因果关系表达出来) Therefore, the culture profile of the area can be compared to a land composed of a thousand islets, each one enjoying a unique culture. This multiplex Guizhou culture is treasured as an important component and special heritage of Chinese culture.(这里使用了省译法,将中式抽象的表述具体化;保留了其中的隐喻,因为这一隐喻在英文中同样存在)

原文:贵州文化演进的又一特点是:它从历史演化的纵向上呈现出间断性。贵州文化从秦汉两个朝代就开始与中原文化接轨,可是,其间时续时断绵延了1,600多年,直到明清时期才大体完成了这一过程。明代中叶的"心学"领袖王阳明流放在贵州安顺龙场驿而"悟道",奠定了阳明学的基石,也可以作为这一过程的标志性事件。

译文与解析:The other typical feature with the development of Guizhou culture is its discontinuity. Archaeological studies show that Guizhou culture interacted with Central Chinese culture from the Qin Dynasty (from 221 B.C. to 206 B.C.) and the Han Dynasty (from 206 B.C. to 220 A.D.).(此处增译了朝代的基本信息) Its developmental journey was blocked now and then, and continued on and off(对比原文中"时续时断绵延"的汉语表达) for over a thousand and six hundred years, until the Ming Dynasty (from 1368 to 1644) and the Qing Dynasty (from 1616 to 1912), which finally became relatively steady.(原文中并未明示"完成了这一过程"具体为何,根据句意,应是文化发展基本进入稳定状态,此处进行了信息的补充) On occasion Wang Yangming, grand master of the Yangming School, was demoted and exiled to Longchang Post, Anshun City, Guizhou Province. While there he gained insight into the truth (对比原文中"悟道"的汉语表达) and gave lectures to his students, directly promoting the formation of his Will Theory, marking its cultural culmination.

翻译练习

比较下文中的原文与译文,解析其中的非语言因素及翻译的处理方法。

原文:传统手工纸生产确实费时费力,因此贵州很多造纸地的造纸农户都有敬纸惜纸的习俗。尤其是20世纪80～90年代以来，面临现代社会中工业化及城镇化的冲击，已有不少传统造纸地久不生产手工纸，但造纸乡民们至今仍保留着过去自己造的手工纸和相关造纸工具、设备。调查中反映的观念内涵在于：有些造纸户希望今后市场条件转好的时候，可以重操旧业；有些造纸户即使不想也不会再造纸，却很有感情地留着自己造的纸为从业做纪念；有些年高而又信仰真假钱之别的造纸户则会留手工纸待自己过世时烧祭用。从文化情绪角度来看，21世纪初贵州乡土造纸户的敬纸惜纸，也许就是贵州手工纸数百年来不熄的“火种”，成为未来贵州手工纸技艺和文化得到传承和发展的民愿支撑。

译文：Handmade papermaking is time-consuming and labor-intensive. Therefore, many papermakers in Guizhou Province worshiped and valued the paper they made. Since the 1980s and 1990s, industrialization and urbanization caused many papermakers to cease production. However, many retired papermakers still keep the paper they made and some papermaking tools and equipment. Based on our investigation, these papermakers kept some of the handmade paper and tools they previously used, because they hoped that handmade paper might flourish again, someday. Some kept self-made paper as a memorial and other older natives kept their self-made paper for their own future funerals. There is also a local belief that only handmade paper can be used as true money when in heaven. From a cultural perspective, this sort of love and attachment towards the handmade paper among the local papermakers in the early 21st century that lead to the preservation and development of the handmade paper skills and culture in Guizhou Province.

原文：贵州与周边省区以及贵州内部各小块地域之间，由于高山深谷型地理环境的制约，绝大多数处于相对隔绝的状态，古典自然状态下发生的交流和融合相当缓慢和微弱，颇有老子《德道经》中“老死不相往来”的独立聚落格局。至于外部强制力量作用下的外源式交流，例如明代洪武和永乐年间的“调北征南”和“调北填南”，在短时段内形成一股外来移民的热潮，造成外来人口和文化的输入，但随着时间的推移，外来人口逐渐又形成了自身相对封闭的地域、群体、社区和文化，比如著名的“屯堡人”现象。这样就形成了贵州居民和民族分布一个非常明显的特点：“大散居，小聚居”生活生态。贵州独特的自然地理环境和长期相对隔绝、封闭的多圈层区隔状况，对社会经济和文化的交流、融合与发展固然不利，但是，这些对发展的“不利因素”，恰恰又使得贵州多样性的文化基因和文化遗产得到了相当原生态的保存，具有鲜明的本体纯粹性特色。非物质文化遗产传承中的多样性、延续性、纯粹性、稳定性都很强，这些特点自然也会充分地表现在手工造纸技艺及造纸业态上面。

译文：Guizhou and neighboring provinces are restricted by tall mountains and deep valleys; thus isolating it from the outside world. As a result, the exchange and communication is rare, which is akin to the independent settlement pattern of "being completely isolated from each other all their lives" in, *Classic of the Virtue of Tao*, written by Lao Tze (a philosopher in the Spring and Autumn Period; founder of Taoism). As for external forces during the Hongwu Reign (1368-1398) and the Yongle Reign (1370-1417) in the Ming Dynasty, large-scaled migration caused a surge of immigrants in a short time and brought in outsiders and new culture. However, as time went on, the outsiders gradually formed their own relatively closed regional groups, communities and culture, such as the famous phenomenon of "the Tunbao people" (a very distinctive Han population who lived in enclosed groups and kept traditional habits). Ultimately a very obvious characteristic of Guizhou residents and ethnic distribution "living compactly in a small community but dispersed in a large area" took shape. The isolated environment took its toll to the economic and cultural interactions with the outside world. Yet, these "disadvantages" highly contributed to the preservation of the diverse cultural customs and cultural heritage of the Guizhou Province; in addition, these cultural features are well represented in the papermaking skills of the area.

专题

避免翻译腔

翻译腔(又称翻译症，翻译体)，英文为 Translationese，是美国翻译理论家尤金·奈达在其著作 *The Theory and Practice of Translation* 中提出和界定的。陆谷孙主编的《英汉大词典》收入了这个词条，释义为：表达不流畅、不地道的翻译文体；翻译腔；佶屈聱牙的翻译语言。《当代翻译理论》中是这样描述翻译体的：翻译体带有贬义。贬义中的翻译体是机械主义翻译观和方法论的产物。这种所谓的翻译体的显著特征是不顾双语的差异，将翻译看作语言表层的机械对应式转换。一般认为翻译腔是一个贬义术语，用来指因为明显依赖源语的语言特色而让人觉得不自然、费解甚至可笑的目标语用法。翻译腔的特征包括文笔拙劣，译出语不自然、不流畅、生硬、晦涩、难懂、费解，甚至不知所云。

可以比较以下原文与译文。

原文1:我没文化。

原文2:他正在学文化。

原文3:打扫厕所是锻炼我们的好办法。

原文4:过去旅游最大的问题是上厕所问题。

译文1:I do not have culture.

译文2:He is learning culture.

译文3:Cleaning toilet is a good way to train us.

译文4:Going to the toilet was the biggest problem for the tourists.

解析:以上译文都属于翻译腔,看起来字面对等,实际上母语为英语者对以上译文不知所云。可以对译文的表达进行改译:

原文1:我没文化。

译文1:I am illiterate.

译文2:I cannot read or write.

译文3:I am not well educated.

原文2:他正在学文化。

译文:He's learning how to read and write.

原文3:打扫厕所是锻炼我们的好办法。

译文:Cleaning toilet is a good exercise. It helps us understand and respect the people who keep our environment clean.

原文4:过去旅游最大的问题是上厕所问题。

译文:In the past it was difficult for the tourists to find a toilet.

例:有文化就是不一样。

译文:Literacy does make a difference.

解析:这里有文化使用了表示基本素养的 literacy 一词。"就是"的强调意味使用了"does make"来表述。

例:Improve Your Study Habits

译文1:改进你的学习习惯

解析:译文忠实于原文,但念起来不自然,问题就出现在"改进"和"习惯"这两个词的搭配上。中国人一般只说"改变习惯、养成习惯、改进方法",而不说"改进习惯"。因此可以改译为:改进你的学习方法或养成良好的学习习惯。

例：The study found that non-smoking wives of men who smoke cigarettes face a much greater than normal danger of developing lung cancer. The more cigarettes smoked by the husband, the greater the threat faced by his non-smoking wife.

译文 1：这项研究发现抽烟男子的不抽烟妻子罹患肺癌的危险比一般人大得多，丈夫抽的烟越多，其不抽烟的妻子面临的威胁越大。

解析：原文中为 non-smoking wives of men who smoke cigarettes，译文对应为“抽烟男子的不抽烟妻子”，不符合汉语表达习惯，让人看了很不舒服。应该根据原文的含义，按目标语言的习惯进行重新表达。

译文 2：这项研究表明，妻子不抽烟丈夫抽烟，妻子患肺癌的风险比一般人大得多。丈夫吸烟越多，妻子面临的威胁就越大。

例：The isolation of the rural world because of distance and the lack of transport facilities is compounded by the paucity of the information media.

译文 1：距离远和交通工具缺乏所造成的农村社会的隔绝，因为通信工具的不足而变得更加严重。

译文 2：因为距离远，交通工具缺乏，以致农村与外界隔绝，这种隔绝又由于通信工具的不足而变得更加严重。

例：积极推进企业人事制度改革，努力形成广纳群贤、人尽其才、能上能下，充满活力的用人机制。

译文 1：Reform the personnel system and form a vigorous personnel mechanism under which we can gather large numbers of talented people, put them to the best use and get them prepared for both promotion and demotion.

解析：译文 1 中的英文虽无语言错误，但不符合英文表述习惯，应进行如下修改。

译文 2：Promote reform of corporate personnel policies and develop general rules of appointment whereby able and virtuous people are selected and put to best use and incompetent ones are removed from office.

例：A keynote speaker from the metal fabrication industry will be offering first hand experience of how his company has already integrated robot technology into their own manufacturing processes.

译文 1：来自金属制造厂的主题发言人将谈论该厂如何将机器人技术引进生产工业中的亲身体验。

译文2:来自金属加工业的一名主题演讲人将为来宾们带来“第一手资料”,就其公司如何融机器人技术于制造过程,与大家分享宝贵经验。

解析:译文2增译了“来宾们”和“分享宝贵经验”等文字,似乎偏离了原文,但考虑到原文引自某展会的邀请函,须体现“邀请函”的修辞特点和语用功能。译文2的增译恰恰达到了召唤受众的功能,更准确地实现了语用之需;而译文1为逐词翻译,语气生硬,呈现出了轻度的翻译腔。

附　　录

一、常见科技类缩略语表

缩略语	全称	含义
sic	sic erat scriptum	thus was it written 原文如此
12 mn	12 midnight	午夜 12 点
12 n	12 noon	中午 12 点
a.	annus	年
aa	Ana	both in the same quantity 各以等量
A. B. , B. A.	Artium Baccalaureus, Bachelor of Arts	文学士
abst.	Abstractum;abstract	强散剂;摘要,提要
A. C.	ante Christum	before Christ 公元前,英文常用的是 B. C.
a. c.	ante cibum, ante cibos	before meals 饭前(处方用语,表示用药时间)
a. d.	ante decubitum	睡前
Ad fin.	ad finem	到最后,至终
ad lib	ad libitum	freely, as often as it is needed 随意,即兴(处方用语)
Ad loc.	ad locum	在这里

续表

缩略语	全称	含义
ad inf., ad infin.	ad infinitum	to infinity 直到无限
A.D., AD	anno Domini (Anno Domini/anno domini)	in the year of the Lord 公元,耶稣纪年
admov.	Admoveatur	加入(医疗用语)
ad. us	ad usum	惯例
a.h.	Alternis horis	每2小时,隔1小时
A.I.	ad interim	其间;在此期间内
a.j.	Ante jentaculum	早饭前
Alr.	Aliter	otherwise 否则,另外,别的方式
alt. h.	alternis horis	every other hour 每隔1小时(处方用语)
alt. 2h.	alternis 2 horis	每隔2小时
A.M.	artium magister	Master of Arts 文学硕士
A.M., AM, a.m., am	Ante Meridiem (ante meridiem/ante Meridiem)	before midday 上午
app.	appendix	附录
A.T.C.	around the clock	连续一整天(处方用语)
atm.	atomsphere	大气压
a.u.	anno urbis	古罗马年
b, bis	bis	twice 两次(通常用于医疗领域)
B.C.	before Christ	公元前
bid, b.d.	bis in die	twice a day 每日2次(处方用语)

续表

缩略语	全称	含义
biw	bis in week	每周2次
c.	cum	具有……,伴着……
c. fig.	cum figura	具有插图
c., ca., ca, cca. (cir., circ., C.)	circa (circiter)	around, about, approximately 大约(用于日期中表示大概的数)
C/O	care of	烦……转交
Cap. (cap.)	capitulus	chapter 章节(用于英国及其前殖民地的法律章节前)
card. (Card.)	cardinal	基数词
catachr.	catachrestically	用词不当
caveat emptor	caveat emptor	货物出门概不退换
c.c. (cc*, cc)	cubic centimeter	立方厘米
cc*	cum cibum	with food 随餐服用(处方用语,表示用药要求)
cent.	centuria	百夫长
ceteris paribus	ceteris paribus	假设其他任何条件均同
cf. (conf., Cf.)	confer	bring together and hence compare 拿来并对比,试比较(提示读者比较引用文献与文中论述,与 cp. 可替换使用);不同观点请参见(常出现在脚注里)
c.g. (cgm)	centigram	厘克
class.	classical	古典的
cod.	cash on delivery	货到付款
coen.	coenam	晚饭
colloq.	colloquial	口语的
Collum. (collun.)	collunarium	洗鼻剂
Collut. (collut.)	collutorium	漱口剂

续表

缩略语	全称	含义
Collyr.	collyrium	洗眼剂
con.	contra	相反;反对票
const.	constant	常数，常量
contemp.	contemporary with	同时代
contr.	contracted	已定约的
cp.	compare	比较
Cp	Cpindex	索引
Cp	cateris paribus	其他所有条件相同
C. V. , CV	curriculum vitae	简历
DAW	dispense as written	按所写的分配(通常用于医疗领域)
D. D.	Doctor of Divinity	Doctor of Theology 神学博士
DDD	Dono Dedit Dedicavit	Gave and dedicated as a gift 作为礼物赠送
def.	definition	定义
deriv.	Derivative (derivative), derivation	衍生
Dg. (dg.)	decigram	分克
DG, D. G. , DEI GRA	Dei Gratia (Dei gratia)	By the grace of God 托上帝鸿福(英国国王头衔之一，见于所有英国硬币)
dieb. alt, (Dieb. alt)	diebus alternis	every other day 隔日
D. Lit.	Doctor Litterarum	Doctor of Literature 文学博士
D. M.	Doctor Medicinae	Doctor of Medicine 医学博士
D. S.	dal segno	连续记号

续表

缩略语	全称	含义
D. V.	Deo volente	God willing 若承天意
D. W.	distilled water	（通常用于医疗领域）蒸馏水
ead.	semper eadem	the same woman 同上，同前（用来避免在引用、脚注、书目等处重复某个女性作者的名字）
Ed.	edict	法令
ed.，e. d.	edited by，editor (s)	编辑，主编（如果是多人合编用 eds.）
e. g.，eg	exempli gratia	for example 例如
ellipt.	elliptical (ly)	省略的
emph.	emphasis，emphatic	强调
ep.	epithet	称号
e. p.	ex parte	部分（地），其中一部分
eq.	equation	方程式
esp.	especially	特别是，尤其是
etc.	et cetera	及，和
et al.	et alia	and others，and elsewhere 以及其他人或事（通常用于人的列举）
et pass.， et passim.	et cetera pass. et cetera passim	到处可见地，处处，到处
etym.	etymology	语源学
euphem.	euphemism， euphemistic (ally)	委婉语
ex.	example	例
ex aq	ex aqua	in water 放入水中，与水同服（医疗用语）

续表

缩略语	全称	含义
ex max. p.	ex minimaparte	其中绝大部分
exc.	exerpta	除了
expl.	explanation, explained	解释
expr.	expression, expressing, expressed	表达
ext.	exterior	外部的
ff.	folios	and following 及其下,及其后,以及接下去的
fi. fa.	fieri feacias	扣押债务人动产令
fig.	figurative (ly)	比喻
fig., f.	figure	图(形),数字
fl., fld.	fluid	液体(通常用于医疗领域)
fl., flor.	floruit	全盛时期(指一段时间内,某组织或个人的活跃或繁荣)
for an.	for annum	by the year 按年计
force majeure	force majeure	不可抗力
fr.	fragment	片
fr.	from	来自,从……开始
freq (Freq.)	frequent (ly)	常
FUO.	fever of unknown origin	不明原因发热
fut.	future	未来
g	gram	gram 克(通常用于医疗领域)

续表

缩略语	全称	含义
gtt(s)	gutta(e)	drops 滴(医疗用语)
Hb.（hb.）	herba	草
h.d.	hora decubitus	睡觉时，就寝时
Heb.	Hebrew	希伯来语的
hebd.	hebdomada	一周
heter.	heteroclite	不规则变化的，畸形的
hod.	hodie	今日
hs，h.s.	hora somni	at bedtime 临睡时(处方用语，表示用药时间)
Humoi.	Hujusmodi	of this kind 这种类型的
hyperb.	hyperbolically	夸张
i.a.	inter alia	除其他事项外
i.a.	in absentia	in absence 缺席
ibid.，ib.（Ibid)	ibidem	出处同上
i.c.	inter cibos	饭间
ICU.	intensive care unit	重症监护病房
ID（I.d)	intra dermal	in the skin 皮内注射(通常用于医疗领域)
id.	idem	同上，同前
i.e.（I.E.）	id est	换句话说，即，也就是说
ind.	in diem	在白昼
ined.	ineditus	未作过记载，未刊登过
inf.	infra	如下，以下，见下文
Infrapturm.	Infrascriptum	Written below 写在下面

续表

缩略语	全称	含义
inscr.	inscription (s)	铭文
instr.	instrument (al)	工具
IO.	intake and output	进出量
IPR	Intellectual Property Rights	知识产权
i. q.	idem quod	相同,与……相同
J. C. D.	Juris Civilis Doctor	Doctor of Civil Law 民法博士
J. D.	Juris Doctor	Doctor of Law 法学博士
kg.	kilogram	千克
L. (lit.)	litre	升
lb.	libra	磅(1 lb. =0.4535924 kg)
l. c.	loco citato	引证的,指上面引证的文献
leg.	legal (ly)	in legal use 法律的
lg.	longitudo	长度,地理上的经度
liq. (Liq.)	liquor	溶液,液体的(医疗用语)
lit.	literal (ly)	字面的
Litma.	Legitima	lawful 合法的
LL. B.	Legum Baccalaureus	bachelor of laws 法学学士
LL. D.	legum Doctor	Doctor of laws 法学博士
loc. cit (Loc. Cit.)	loco citato	在上述引文中

续表

缩略语	全称	含义
M. A.	Magister Artium (magister atrium)	Master of Arts 文科硕士，文学硕士（通常用于表示美术、人文、社会科学或神学的硕士学历）
Max. (max.)	maximum	最大
mg (mg.)	milligrams	毫克
mil.	in military usage	军事用途
Min. (min.)	minimum	最小
ml (ml.)	milliliter	毫升（通常用于医疗领域）
mmoi	millimoles	毫摩尔
M. O.	modus operandi	method of operating 运作方法，做法（有时被用于犯罪学，指罪犯的做法）
MS.	manuscript	by hand 原稿
N. , No.	numero	数目
naut.	nautical (ly)	航海的
N. B. (n. b.)	Nota Bene (Nota bene/nota bene)	note well 注意，留心
neg.	negative	否定
nem. con	nemine contradicente	无异议
n. l.	Non licet; Non liquet	illegal; unclear, not obvious 不合法的，不准许的；事实不明，真伪不明
N. N.	nomen nescio	无签名
n. n.	nomennovum	替代名称，新名称
no.	numero	by number 数目
nom.	nomen	名，学名，名称（命名上的）
non rep.	non repetatur	勿重复（处方用语）
non obst.	non obstante	虽然，纵使（有法律的规定）

续表

缩略语	全称	含义
non seq.	non sequitur	不合逻辑的推论
op.	opus	文集,论文,著作,作品
op. cit.	opere citato	the work cited 在前面所引用的书中
opp.	opposite	相反的
ord.	ordinal	序数词
p.(单数), pp.(复数)	paginae	page,pages 页面,页数,面
p. maj. P.	pro maxima parte	较大部分,绝大部分(要注意极大部分的标本)
p. min. P.	pro minima parte	极小部分(要注意极少部分的标本)
p. a., per an.	per annum	按年计,每年(原意:全年)
parenth.	parenthetic (ally)	附加说明的
p. c.	post cibum, post cibos	after meals 饭后(处方用语,表示用药时间)
p. coen.	post coenam	晚饭后
p. d.	per diem	by the day 按日计,每天
per cent	per centum	百分比,百分之几(通常写作 percent)
Ph. B	Philosophiae Baccalaureus	哲学学士
PH. D., PhD	Philosophiae Doctor	Doctor of Philosophy 哲学博士
p. j.	post jentaculum	早饭后
pl.	plural	复数
pleon.	pleonastic (ally)	冗言的
p. m., pm, P. M., PM	post meridiem	下午,午后
p. m. a.	post mortem auctoris	作者去世之后

续表

缩略语	全称	含义
p. p. , per pro.	per procurationem	through the agency of 由……代理(经由代理人)
p. prand.	post prandium	午饭后
pr.	preface, prologue	序
prec.	preceding, preceded	之前
pro et con.	pro et contra	for or against 赞成或反对
pro tem	pro tempore	暂时
prox.	proximo mense	下个月
P. S.	post scriptum	在所写内容之后(表示添加的内容文字),附言
Ptus.	Praefatus	上述的,前述的(常用于法律文件)
q. e.	quod est	就是,即
Q. E. C.	quod erat construendum	已建成的
Q. E. D.	quod est demonstrandum	which was to be demonstrated 证明完毕(通常用于数学)
Qtnus.	Quatenus	到目前为止
q. v.	quod videre	which to see 参见
Re (In Re) (re)	in re	关于
REG	regina	queen 女王(女王在位期间,英国硬币上印有 REG)
R. I. P.	requiescat in peace	息止安所
Rp. (RP)	Recipe	取,取药,处方
rptd.	repeated	重复
sc. , scil.	scilicet	即,也就是
s. d.	sine die	无期限地
s. f.	sub finem	参见本章末
s. o. s.	si opus sit	如有必要

续表

缩略语	全称	含义
sphalm.	sphalma typographicum	印刷错误
s. p. s	sine prole supersite	无后代
s. t.	such that	于是，因此
st. (s. t.)	subject to	约束于,服从,满足(通常出现在数学方程式和数学公式中)
Stat.	statim	马上,立即(通常用于医疗领域)
S. T. T. L.	sit tibi terra levis	入土为安(用法与"R. I. P."一致)
sup.	supra	如上,以上
s. v.	sub verbo	在该词下,见该条目
S. V. B. E. E. V.	si vales bene est ego valeo	如果你安好,就很好;我都好
T., t.	tomus	文卷(引证文献时用)
u. i.	ut infra	如下所述
ult.	ultimo mense	上个月
ult. obs.	ulterius observandum	需要继续观察
u. s.	ut supra	如上所述
ut seq.	ut sequitur	如下,如下所述
v., vol.	volumen	卷
V. C.	Vi coactus	武力逼迫
v. i.	vide infra	见下文,参阅下文
v. i., viz.	videlicet	namely/as follows, more appropriately or accurately 即,也就是
vox pop.	vox populi	the voice of the people 舆论,人民的心声
v. s.	vide supra	see above 见上文,参阅前文
vs.	versus	against 对,相对

续表

缩略语	全称	含义
w/o	without	没有,不用
w.r.t	with respect to	关于,谈及

二、科技文献常用句型

如图×所示	As indicated in Figure ×
如后所述,从下文可看出	As noted later
如前所述,前已提及	As previously mentioned
使得满足……条件	Such that
假设	Suppose that
如下所述	... is as follows
假设	Given ...
假设	Assume that
为证明……请注意……	To show that ... note that ...
令……为(公式用语)	Let ... be
以下为	Following are
对任意……,……条件成立	For any ..., ... holds
假设……则……	If ... then ...
当且仅当	If and only if
通过……得到	Taking and using ... we obtain that ...
证明……为真	We will prove that ... holds true
反之亦真	In the reverse direction ... holds true
将……代入等式,得到	Plugging ... into the equality, we obtain
综合 A 和 B 可推导出	Combining A and B, we can deduce that
尤其是	In particular
注意	Note that
关于	With respect to (w.r.t.)

三、重组翻译练习

编撰说明

(1) 关于类目的划分标准,《中国手工纸文库·安徽卷》(以下简称《安徽卷》)在充分考虑安徽地域当代手工造纸高度聚集于泾县一地,而且手工纸的历史传承品种相对丰富的特点后,决定不按地域分布划分类目,而是按照宣纸、书画纸、皮纸、竹纸、加工纸、工具划分第一级目类,形成“章”的类目单元,如第二章“宣纸”、第三章“书画纸”。章之下的二级类目以造纸企业或家庭纸坊为单元,形成“节”的类目,如第二章第一节“中国宣纸股份有限公司”、第四章第三节“潜山县星杰桑皮纸厂”。

(2)《安徽卷》成书内容丰富,篇幅较大,从适宜读者阅读和装帧牢固角度考虑,将其分为上、中、下三卷。上卷内容为第一章“安徽省手工造纸概述”、第二章“宣纸”;中卷内容为第三章“书画纸”、第四章“皮纸”、第五章“竹纸”;下卷内容为第六章“加工纸”、第七章“工具”以及“附录”。

(3)《安徽卷》第一章为概述,其格式与先期出版的《中国手工纸文库·云南卷》(以下简称《云南卷》)、《中国手工纸文库·贵州卷》(以下简称《贵州卷》)等类似。其余各章各节的标准撰写格式则因有手工纸业态高度密集的县级区域存在,所以与《云南卷》《贵州卷》所用的单一标准撰写格式不同,分为三类撰写标准格式。

第一类与《云南卷》《贵州卷》相近,适应一个县域内手工造纸厂坊不密集、品种相对单纯的业态分布。通常分为七个部分,即“××××纸的基础信息及分布”“××××纸生产的人文地理环境”“××××纸的历史与传承”“××××纸的生产工艺与技术分析”“××××纸的用途与销售情况”“××××纸的品牌文化与习俗故事”“××××纸的保护现状与发展思考”。如遇某一部分田野调查和文献资料均未能采集到信息,则将按照实事求是原则略去标准撰写格式的相应部分。

第二类主要针对泾县宣纸与书画纸企业以及少数加工纸企业的特征,手工造纸厂坊在一个小地区聚集度特别高,或者纸品非常丰富,不适合采用第一类撰写格式时采用。通常的格式及大致名称为:“××××纸(纸厂)的基础信息与生产环境”“××××纸(纸厂)的历史与传承情况”“××××纸(纸厂)的代表纸品及其用途与技术分析”“××××纸(纸厂)生产的原料、工艺与设备”“××××纸(纸厂)的市场经营状况”“××××纸(纸厂)的品牌文化与习俗故事”“××××纸(纸厂)的业态传承现状与发展思考”。

第三类主要针对当代世界最大的手工造纸企业——中国宣纸股份有限公司,

由于其从业人数多达 1,300 余人，工艺、产品、制度与文化的丰富性独具一格，因此专门设计了撰写类目形式，分为："中国宣纸股份有限公司的基础信息与生产环境""中国宣纸股份有限公司的历史与传承情况""中国宣纸股份有限公司的关键岗位和产量变更情况""'红星'宣纸制作技艺的基本形态""原料、辅料、人员配置、工具和用途""'红星'宣纸的分类与品种""'红星'宣纸的价格、销售、包装信息""社会名流品鉴'红星'宣纸的重要掌故""中国宣纸股份有限公司保护宣纸业态的措施"。

(4)《安徽卷》专门安排一节讲述的手工纸的入选标准：① 项目组进行田野调查时仍在生产；② 项目组田野调查时虽已不再生产，但保留着较完整的生产环境与设备，造纸技师仍能演示或讲述完整技艺和相关知识。

考虑到竹纸在安徽省历史上曾经是大宗民生产品，而其当代业态萎缩特别明显，处于几近消亡状态，因此对调查组所能够找到的很少的竹纸产地中的泾县竹纸放宽了"保留着较完整的生产环境与设备"这一项标准。

(5)《安徽卷》调查涉及的造纸点均参照国家地图标准绘制两幅示意图：一幅为造纸点在安徽省和所属县的地理位置图，另一幅为由该县县城前往造纸点的路线图，但在具体出图时，部分节会将两图合一呈现。在标示地名时，均统一标示出县城、乡镇两级，乡镇下一级则直接标示造纸点所在村，而不再做行政村、自然村、村民组之区别。示意图上的行政区划名称及编制规则均依据中国地图出版社、国家基础地理信息中心的相关地图。

(6)《安徽卷》原则上对每一个所调查的造纸厂坊的代表纸品，均在珍稀收藏版书中相应章节后附调查组实地采集的实物纸样。采样量足的造纸点代表纸品附全页纸样；由于各种限制因素，采样量不足的则附 2/3、1/2、1/4 或更小规格的纸样；个别因近年停产等导致未能获得纸样或采样严重不足的，则不附实物纸样。

(7)《安徽卷》原则上对所有在章节中具体描述原料与工艺的代表纸品进行技术分析，包括实物纸样可以在书中呈现的类型，以及个别只有极少量纸样遗存，可以满足测试要求而无法在"珍稀收藏版"中附上实物纸样的类型。

全卷对所采集纸样进行的测试参考了中国宣纸的技术测试分析标准(GB/T 18739—2008)，并根据安徽地域手工纸的多样性特色做了必要的调适。实测、计算了所有满足测试分析标示足量需求的已采样的手工纸中的宣纸类、书画纸类、皮纸类的厚度、定量、紧度、抗张力、抗张强度、撕裂度、湿强度、白(色)度、耐老化度下降、尘埃度、吸水性(数种熟宣未测该指标)、伸缩性、纤维长度和纤维宽度共 14 个指标；加工纸类的厚度、定量、紧度、抗张力、抗张强度、撕裂度、色度、吸水性共 8 个指标；竹纸类的厚度、定量、紧度、抗张力、抗张强度、色度、纤维长度和纤维宽度共 8 个指标。由于所采集的安徽省各类手工纸样的生产标准化程度不同，因而若干纸种纸品所测数据与机制纸、宣纸的标准存在一定差距。

(8) 测试指标说明及使用的测试设备如下:

① 厚度:所测纸的厚度指标是指纸在两块测量板间受一定压力时直接测量得到的厚度。根据纸的厚薄不同,可采取多层指标测量、单层指标测量,以单层指标测量的结果表示纸的厚度,以 mm 为单位。

所用仪器:长春市月明小型试验机有限责任公司 JX-HI 型纸张厚度仪、杭州品享科技有限公司 PN-PT6 厚度测定仪。

② 定量:所测纸的定量指标是指单位面积纸的质量,通过测定试样的面积及质量,计算定量,以 g/m^2 为单位。

所用仪器:上海方瑞仪器有限公司 3003 电子天平。

③ 紧度:所测纸的紧度指标是指单位体积纸的质量,由同一试样的定量和厚度计算而得,以 g/cm^3 为单位。

④ 抗张力:所测纸的抗张力指标是指在标准试验方法规定的条件下,纸断裂前所能承受的最大张力,以 N 为单位。

所用仪器:杭州高新自动化仪器仪表公司 DN-KZ 电脑抗张力试验机、杭州品享科技有限公司 PN-HT300 卧式电脑拉力仪。

⑤ 抗张强度:所测纸的抗张强度指标一般用在抗张强度试验仪上所测出的抗张力除以样品宽度来表示,也称为纸的绝对抗张强度,以 kN/m 为单位。《安徽卷》采用的是恒速加荷法,其原理是使用抗张强度试验仪在恒速加荷的条件下,把规定尺寸的纸样拉伸至撕裂,测其抗张力,计算出抗张强度。公式如下:

$$S = F/W$$

式中,S 为试样的抗张强度(kN/m),F 为试样的绝对抗张力(N),W 为试样的宽度(mm)。

⑥ 撕裂度:所测纸张撕裂强度的一种量度,即在测定撕裂度的仪器上,拉开预先切开一小切口的纸达到一定长度时所需要的力,以 mN 为单位。

所用仪器:长春市月明小型试验机有限责任公司 ZSE-1000 型纸张撕裂度测定仪、杭州品享科技有限公司 PN-TT1000 电脑纸张撕裂度测定仪。

⑦ 湿强度:所测纸张在水中浸润规定时间后,在润湿状态下测得的机械强度,以 mN 为单位。

所用仪器:长春市月明小型试验机有限责任公司 ZSE-1000 型纸张撕裂度测定仪、杭州品享科技有限公司 PN-TT1000 电脑纸张撕裂度测定仪。

⑧ 白(色)度:白度测试针对白色纸,色度测试针对其他颜色的纸。白度是指被测物体的表面在可见光区域内与完全白(标准白)的物体漫反射辐射能的大小的比值,用百分数来表示,即白色的程度。所测纸的白度指标是指在 D65 光源、漫射/垂射照明观测条件下,以纸对主波长 475 nm 蓝光的漫反射因数表示白度的测

定结果。

所用仪器：杭州纸邦仪器有限公司 ZB-A 色度测定仪、杭州品享科技有限公司 PN-48A 白度颜色测定仪。

⑨ 耐老化度下降：指所测纸张进行高温试验的温度环境变化后的参数及性能。本测试采用 105 ℃高温恒温放置 72 小时后进行测试，以百分数(%)表示。

所用仪器：上海一实仪器设备厂 3GW-100 型高温老化试验箱、杭州品享科技有限公司 YNK/GW100-C50 耐老化度测试箱。

⑩ 尘埃度：所测纸张单位面积上尘埃涉及的黑点、黄茎和双浆团个数。测试时按照标准要求计算出每一张试样正反面每组尘埃的个数，将 4 张试样合并计算，然后换算成每平方米的尘埃个数，计算结果取整数，以个/m^2为单位。

所用仪器：杭州品享科技有限公司 PN-PDT 尘埃度测定仪。

⑪ 吸水性：所测纸张在水中能吸收水分的性质。测试时使用一条垂直悬挂的纸张试样，其下端浸入水中，测定一定时间后的纸张吸液高度，以 mm 为单位。

所用仪器：四川长江造纸仪器有限责任公司 J-CBY100 型纸与纸板吸收性测定仪、杭州品享科技有限公司 PN-KLM 纸张吸水率测定仪。

⑫ 伸缩性：指所测纸张由于张力、潮湿，尺寸变大、变小的倾向性。分为浸湿伸缩性和风干伸缩性，以百分数(%)表示。

所用仪器：50 cm×50 cm×20 cm 长方体容器。

⑬ 纤维长度/宽度：所测纸的纤维长度/宽度是指从所测纸里取样，测其纸浆中纤维的自身长度/宽度，分别以 mm 和 μm 为单位。测试时，取少量纸样，用水湿润，用 Herzberg 试剂染色，制成显微镜试片，置于显微分析仪下采用 10 倍及 20 倍物镜进行观测，并显示相应纤维形态图各一幅。

所用仪器：珠海华伦造纸科技有限公司生产的 XWY-Ⅵ型纤维测量仪和 XWY-Ⅶ型纤维测量仪。

(9)《安徽卷》对每一种调查采集的纸样均采用透光摄影的方式制作成图像，以显示透光环境下的纸样纤维纹理影像，作为实物纸样的另一种表达方式。其制作过程为：先使用透光台显示纯白影像，作为拍摄手工纸纹理透光影像的背景底，然后将纸样铺平在透光台上进行拍摄。拍摄相机的型号为佳能 5DⅢ。

(10)《安徽卷》引述的历史与当代文献均以当页脚注形式标注。所引文献原则上要求为一手文献来源，并按统一标准注释，如“[宋] 罗愿.《新安志》整理与研究[M]. 萧建新，杨国宜，校. 合肥：黄山书社，2008：371.”“民国三年(1913 年)泾县小岭曹氏编撰. 曹氏宗谱[Z]. 自印本.”“魏兆淇. 宣纸制造工业之调查：中央工业试验所工业调查报告之一[J]. 工业中心，1936(10)：8.”等。

(11)《安徽卷》所引述的田野调查信息原则上要求标示出调查信息的一手来

源,如:“据访谈中刘同烟的介绍,星杰桑皮纸厂年产 5,000 多刀纸,年销售额约 100 万元”“按照访谈时沈维正的说法,以他为核心的这个团队专注造纸新技术的研发和传统技艺的保护”等。

(12)《安徽卷》所使用的摄影图片主体部分为调查组成员在实地调查时所拍摄的图片,也有项目组成员在既往田野工作中积累的图片,另有少量属撰稿过程中所采用的非项目组成员的摄影作品。由于项目组成员在完成全卷过程中形成的图片的著作权属集体著作权,且在调查过程中多位成员轮流拍摄或并行拍摄为工作常态,因而全卷对图片均不标示项目组成员作者。项目组成员既往积累的图片,以及非项目组成员拍摄的图片在图题文字或后记中特别说明,并承认其个人图片著作权。

(13) 考虑到《安徽卷》中文简体版的国际交流需要,编著者对全卷重要或提要性内容同步给出英文表述,以便英文读者结合照片和实物纸样领略全卷的基本语义。对于文中一些晦涩的古代文献,英文翻译采用意译的方式进行解读。英文内容包括:总序、编撰说明、目录、概述、图目、表目、术语、后记,以及所有章节的标题,全部图题、表题与实物纸样名。

“安徽省手工造纸概述”为全卷正文第一章,为保持与后续各章节体例一致,除保留章节英文标题及图表标题英文名外,全章的英文译文作为附录出现。

(14)《安徽卷》的名词术语附录兼有术语表、中英文对照表和索引三重功能。其中收集了全卷中与手工纸有关的地理名、纸品名、原料与相关植物名、工艺技术和工具设备、历史文化等 5 类术语。各个类别的名词术语按术语的汉语拼音先后顺序排列。每条中文名词术语后都以英文直译,可以作中英文对照表使用,也可以当作名词索引使用。

译文:

Introduction to the Writing Norms

1. Referring to the categorization standards, *Library of Chinese Handmade Paper*: *Anhui* will not be categorized based on location, but the paper types, i.e. Xuan Paper, Calligraphy and Painting Paper, Bast Paper, Bamboo Paper, Processed Paper and Tools, due to the fact that papermaking sites in the region cluster around Jingxian County, and the diverse paper types historically inherited in the area. Each category covers a whole chapter, e.g. Chapter Ⅱ “Xuan Paper”, Chapter Ⅲ “Calligraphy and Painting Paper”. Each chapter consists of sections based on different papermaking factories or family-based papermaking mills. For instance, first section of the second chapter is “China

Xuan Paper Co., Ltd.", and the third section of Chapter Ⅳ is "Xingjie Mulberry Bark Paper Factory in Qianshan County".

2. Due to its rich content and great length, *Library of Chinese Handmade Paper*: *Anhui* is further divided into three sub-volumes (Ⅰ, Ⅱ, Ⅲ) for convenience of the readers and bookbinding. *Anhui* Ⅰ consists of Chapter Ⅰ "Introduction to Handmade Paper in Anhui Province", Chapter Ⅱ "Xuan Paper"; *Anhui* Ⅱ contains Chapter Ⅲ "Calligraphy and Painting Paper", Chapter Ⅳ "Bast Paper" and Chapter Ⅴ "Bamboo Paper"; *Anhui* Ⅲ is composed of two chapters, i. e. Chapter Ⅵ "Processed Paper", Chapter Ⅶ "Tools", and "Appendices".

3. First chapter of *Library of Chinese Handmade Paper*: *Anhui* is introduction, which follows the volume format of *Yunnan* and *Guizhou* volumes, which have already been released. Sections of other chapters follow three different writing norms, because of the concentrated distribution of county-level handmade papermaking practice, and this is different from two volumes that have been published.

First type of volume writing norm is similar to that of *Yunnan* and *Guizhou* volumes: each section consists of seven sub-sections introducing various aspects of each kind of handmade paper, namely, Basic Information and Distribution, The Cultural and Geographic Environment, History and Inheritance, Papermaking Technique and Technical Analysis, Uses and Sales, Brand Culture and Stories, Preservation and Development. Omission is also acceptable if our fieldwork efforts and literature review fail to collect certain information. This writing norm applies to the handmade papermaking practice in the area where factories and papermaking mills are not dense, and the paper produced is of single variety.

The second writing norm is applied to Xuan paper, and calligraphy and painting paper factories in Jingxian County, and a few processed paper factories, which all cluster in a small area, and produce diverse paper types. In such chapter, sections are: Basic Information and Production Environment; History and Inheritance; Representative Paper and Its Uses and Technical Analysis; Raw Materials, Papermaking Techniques and Tools; Marketing Status; Brand Culture and Stories; Current Status of Business Inheritance and Thoughts on Development.

The third writing norm is applied to China Xuan Paper Co., Ltd., which boasts the largest handmade papermaking factory around the world. It harbors over 1,300 employees and unique papermaking techniques, products, and colorful management system and culture. In this chapter, sections are listed differently: Basic Information and Production Environment of China Xuan Paper Co., Ltd.; History and Inheritance of China Xuan Paper Co., Ltd.; Key Positions and Production Profile of China Xuan Paper Co., Ltd.; "Hongxing" (Red Star) Xuan Papermaking Techniques; Types and Varieties of "Hongxing" Xuan Paper; Celebrities and "Hongxing" Xuan Paper; Preservation of Xuan Paper by China Xuan Paper Co., Ltd.

4. The handmade paper included in each section of this volume conforms to the following standards: firstly, it was still under production when the research group did their fieldwork. Secondly, the papermaking equipment and major sites were well preserved, and the handmade papermakers were still able to demonstrate the papermaking techniques and relevant knowledge, in case of ceased production. Because bamboo paper used to be mass produced in Anhui Province, while the practice shrank greatly or even is lingering on extinction in current days, the research team decided to omit the requirement of comparatively complete preservation of production environment and equipment.

5. For each handmade papermaking site, we draw two standard illustrations, i.e. distribution map and roadmap from the county center to the papermaking sites (in some sections, two figures are combined). We do not distinguish the administrative village, natural village or villagers' group, and we provide county name, town name and village name of each site based on standards released by Sinomaps Press and National Geomatics Center of China.

6. For each type of paper included in Special Edition, we attach a piece of paper sample (a full page, 2/3, 1/2 or 1/4 of a page, or even smaller if we do not have sufficient sample available) to the corresponding section. For some sections, no sample is attached for the shortage of sample paper (e.g. the papermakers had ceased production).

7. All the paper samples elaborated on in this volume, in terms of raw materials and papermaking techniques, were tested, including those attached to the special edition, or not attached to this volume due to scarce sample which

only provided enough for technical analysis.

The test was based on the technical analysis standards of Chinese Xuan paper (GB/T 18739—2008), with modifications adopted according to the specific features of the handmade paper in Anhui Province. All paper with sufficient sample, such as Xuan paper, calligraphy and painting paper, bast paper, was tested in terms of 14 indicators, including thickness, mass per unit area, tightness, resistance force, tensile strength, tear resistance, wet strength, whiteness, ageing resistance, dirt count, absorption of water (several processed Xuan paper was not tested on the indicator), elasticity, fiber length and fiber width. Processed paper was tested in terms of 8 indicators, including thickness, mass per unit area, tightness, resistance force, tensile strength, tear resistance, whiteness, and absorption of water. Bamboo paper was tested in terms of 8 indicators, including thickness, mass per unit area, tightness, resistance force, tensile strength, whiteness, fiber length and fiber width. Due to the various production standards involved in papermaking in Anhui Province, the data might vary from those standards of machine-made paper and Xuan paper.

8. Test indicators and devices:

(1) Thickness: the values obtained by using two measuring boards pressing the paper. In the measuring process, single layer or multiple layers of paper were employed depending on the thickness of the paper, and its measurement unit is mm. The thickness measuring instruments employed are produced by Yueming Small Testing Instrument Co., Ltd., Changchun City (specification: JXHI) and Pinxiang Science and Technology Co., Ltd., Hangzhou City (specification: PN-PT6).

(2) Mass per unit area: the sample mass divided by area, with the measurement unit g/m^2. The measuring instrument employed is 3003 electronic balance produced by Shanghai Fangrui Instrument Co., Ltd.

(3) Tightness: mass of paper per volume unit, obtained by measuring the mass per unit area and thickness, with the measurement unit g/cm^3.

(4) Tensile strength: the resistance of sample paper to a force tending to tear it apart, measured as the maximum tension the material can withstand without tearing. The resistance force testing instrument (specification: DN-KZ) is produced by Gaoxin Technology Company, Hangzhou City and PN-

HT300 horizontal computer tensiometer by Pinxiang Science and Technology Co., Ltd., Hangzhou City.

(5) Unit tensile strength: the resistance of one unit sample paper to a force, with the measurement unit kN/m. In *Library of Chinese Handmade Paper: Anhui*, constant loading method was employed to measure the tensile strength. The sample's maximum resistance force against the constant loading was tested, then we divided the maximum force by the sample width. The formula is: $S = F/W$ S stands for tensile strength (kN/m) for each unit, F is resistance force (N) and W represents sample width (mm).

(6) Tear resistance: a measure of how well a piece of paper can resist the growth of any cuts when under tension. The measurement unit is mN. Paper tear resistance testing instrument (specification: ZSE-1000) is produced by Yueming Small Testing Instrument Co., Ltd., Changchun City and computer paper tear resistance testing instrument (specification: PN-TT1000) produced by Pinxiang Science and Technology Co., Ltd., Hangzhou City.

(7) Wet strength: a measure of how well the paper can resist a force of rupture when the paper is soaked in the water for a set time. The measurement unit is mN. Paper tear resistance testing instrument (specification: ZSE-1000) is produced by Yueming Small Testing Instrument Co., Ltd., Changchun City and computer paper tear resistance testing instrument (specification: PN-TT1000) produced by Pinxiang Science and Technology Co., Ltd., Hangzhou City.

(8) Whiteness: degree of whiteness, represented by percentage, which is the ratio obtained by comparing the radiation diffusion value of the test object in visible region to that of the completely white (standard white) object. Whiteness test in our study employed D65 light source, with dominant wavelength 475nm of blue light, under the circumstances of diffuse reflection or vertical reflection. The whiteness testing instrument (specification: ZB-A) is produced by Zhibang Instrument Co., Ltd., Hangzhou City and whiteness tester (specification: PN-48A) produced by Pinxiang Science and Technology Co., Ltd., Hangzhou City respectively.

(9) Ageing Resistance: the performance and parameters of paper sample when put in high temperature. In our test, temperature is set 105 degrees centigrade, and the paper is put in the environment for 72 hours. It is measured in percentage(%). The high temperature ageing test box (specification: 3GW-

100) is produced by Yishi Testing Instrument Factory and ageing test box (specification: YNK/GW100-C50) produced by Pinxiang Science and Technology Co., Ltd., Hangzhou City.

(10) Dirt count: fine particles (black dots, yellow stems, fiber knots) in the test paper. It is measured by counting fine particles in every side of four pieces of paper sample, adding up and then calculate the number (integer only) of particles every square meter. It is measured by the number of particles/m^2. Dust tester (specification: PN-PDT) is produced by Pinxiang Science and Technology Co., Ltd., Hangzhou City.

(11) Absorption of water: it measures how sample paper absorbs water by dipping the paper sample vertically in water and testing the level of water. It is measured in mm. Paper and paper board water absorption tester (specification: J-CBY100) is produced by Changjiang Papermaking Instrument Co., Ltd., Sichuan Province, and the water absorption tester (specification: PN-KLM) produced by Pinxiang Science and Technology Co., Ltd., Hangzhou City.

(12) Elasticity: continuum mechanics of paper that deform under stress or wet. It is measured in percentage(%), consists of two types, i.e. wet elasticity and dry elasticity. Testing with a rectangle container (50cm×50cm×20cm).

(13) Fiber length and width: analyzed by dying the moist paper sample with Herzberg reagent, and the fiber pictures were taken through ten times and twenty times objective lens of the microscope, with the measurement unit mm andμm. We used the fiber testing instruments (specifications: XWY-Ⅵ and XWY-Ⅶ) produced by Hualun Papermaking Technology Co., Ltd., Zhuhai City.

9. Each paper sample included in this volume was photographed against a luminous background, which vividly demonstrated the fiber veins of the sample. This is a different way to present the status of our paper sample. Each piece of paper sample was spread flat-out on the light table giving white light, and photographs were taken with Canon 5DⅢ camera.

10. All the quoted literature are original first-hand resources and the footnotes are used for documentation with a uniform standard. For instance, "[Song Dynasty] Luo Yuan. *Xin'an Records* [M]. Proofread by Xiao Jianxin and Yang Guoyi. Hefei: Huangshan Publishing House, 2008: 371." and "*Genealogy of The Caos* [Z]. compiled by the Caos in Xiaoling Village of Jingxian County, 1913. Self-printed." and "Wei Zhaoqi. *Investigation of Xuan*

Paper Industry: *One of the National Industrial Investigation Report Series* [J]. Industrial Center, 1936 (10):8" etc.

11. Sources of field investigation information were attached in this volume. For instance, "According to Liu Tongyan, annual output of Xingjie Mulberry Bark Factory exceeded 5,000 *dao* each year, with annual sales about one million RMB." "According to Shen Weizheng, he played a key role in the team which focused on papermaking techniques research and development, and preserving the traditional skills".

12. The majority of photographs included in the volume were taken by the researchers when they were doing fieldworks of the research. Others were taken by our researchers in even earlier fieldwork errands, or by the photographers who were not involved in our research. We do not give the names of the photographers in the book, because almost all our researchers are involved in the task and they agreed to share the intellectual property of the photos. Yet, as we have claimed in the epilogue or the caption, we officially admit the copyright of all the photographers, including those who are not our researchers.

13. For the purpose of international academic exchange, English version of some important chapters is provided, so that the English readers can have a basic understanding of the volume based on the English parts together with photos and samples. For the ancient literature which is hard to understand, free translation is employed to present the basic idea. English part includes Preface, Introduction to the Writing Norms, Contents, Introduction, Figures, Tables, Terminology, Epilogue, and section titles, figure and table captions and paper sample names.

Among them, "Introduction to Handmade Paper in Anhui Province" is the first chapter of the volume and its translation is appended in the appendix part, apart from the section titles and table and figure titles.

14. Terminology is appended in *Library of Chinese Handmade Paper*: *Anhui*, which covers five categories of places, paper names, raw materials and plants, techniques and tools, history and culture, etc., relevant to our handmade paper research. All the terms are listed following the alphabetical order of the first Chinese character. The Chinese and English parts in the Terminology can be used as check list and index.

参 考 文 献

[1] 安军.科学隐喻的元理论研究[M].北京:科学出版社,2017.

[2] 傅勇林,唐跃勤.科技翻译[M].北京:外语教学与研究出版社,2012.

[3] 胡庚申.国际会议交流英语[M].北京:高等教育出版社,2000.

[4] 唐军,程洪珍.研究生英语读写译教程[M].合肥:安徽大学出版社,2016.

[5] 李长栓.非文学翻译[M].北京:外语教学与研究出版社,2009.

[6] 黎难秋.民国时期中国科学翻译活动概况[J].中国科技翻译,1999,12(4):42.

[7] 刘宓庆.文体与翻译[M].北京:中国对外翻译出版公司,1998.

[8] 汤书昆,黄飞松.中国手工纸文库:安徽卷.上[M].合肥:中国科学技术大学出版社,2019.

[9] 新华通讯社译名室.世界人名翻译大辞典[M].北京:中国对外翻译出版公司,2007.

[10] 余富林.注音英汉人名词典[M].北京:化学工业出版社,2009.

[11] 张力.世界人名地名译名注解手册[M].北京:旅游教育出版社,2009.

[12] 章振邦.新编英语语法教程[M].上海:上海外语教育出版社,1995.

[13] 学术英语写作与沟通[EB/OL].https://www.xuetangx.com/course/hfut05021002478/7755110.

[14] 东伊利诺伊州大学公开课:文本细读[EB/OL].http://open.163.com/newview/movie/courseintro?newurl=%2Fspecial%2Fopencourse%2Fclosere.adingcooperative.html.

[15] 科学论文写作[EB/OL].https://www.coursera.org/learn/sciwrite.

[16] 科技翻译和逻辑判断[EB/OL].http://language.chinadaily.com.cn/trans/2011-07/12/content_12887223.htm.

参考文献

[illegible]